結果から原因を推理する
「超」入門　ベイズ統計

石村貞夫　著

ブルーバックス

装幀／芦澤泰偉・児崎雅淑
カバーイラスト／勝部浩明
本文デザイン／増田佳明（next door design）
本文図版／朝日メディアインターナショナル

# もくじ

まえがき ...... 8

## 第 I 部　推理編

### 第1章　ベイズ警部、殺人事件を捜査する ...... 12

- 1.1　美しい田舎町で起きた殺人事件 ...... 12
  - オープンガーデンとは？　14
  - ニュートンとリンゴの木　14
- 1.2　ロンドン警視庁鑑識課 ...... 15
- 1.3　ベイズ警部、捜査開始 ...... 16
  - プロファイリングとは？　16

### 第2章　ベイズ警部、データを収集する ...... 22

- 2.1　ベイズ警部の聞き込み捜査 ...... 22
  - データ収集の方法　23
  - アンケート調査法と聞き取り調査法　24
  - 名義データのときはダミー変数を！　26
- 2.2　3人の容疑者 ...... 27

## 第3章　ベイズ警部、関連性について考える ― 32

- 3.1　殺害方法と性別の関連性は？ ― 32
  - 殺人事件の手口に男女差がある？ ― 33
- 3.2　"関連がない"ということ！ ― 35
  - 競馬のオッズ ― 44
- 3.3　オッズとオッズ比で悩む ― 45
  - オッズの定義 ― 45
  - オッズ比の定義 ― 48
- 3.4　オッズ比と"独立である"ということ!? ― 50
  - 独立の定義 ― 50
- 3.5　モース教授、独立性の検定をおこなう ― 53
  - 「検定統計量14.286は棄却域に入っている」とは？ ― 56
- 3.6　決定木とはなんの木?? ― 58

## 第4章　ベイズ警部、予測確率を計算する ― 62

- 4.1　因果についての大考察 ― 62
  - ビッグフット事件 ― 65
  - 単回帰分析 ― 66
  - 2変数$x, y$のデータ ― 66
  - 散布図 ― 67
  - 相関係数 ― 68

| | | Excelによる相関係数の求め方 ············ 69 |
|---|---|---|
| | | 単回帰式とExcelの「分析ツール」 ············ 70 |
| 4.2 | | 重回帰式でつまずく ············ 72 |
| | | 多変量解析 ············ 74 |
| 4.3 | | バーナビ教授によるロジスティック回帰式 ··· 75 |
| | | ロジスティック回帰式の性質 ············ 78 |
| 4.4 | | ベイズ警部、毒殺の予測確率を計算する ······ 82 |
| | | 表4.4.4の見方 ············ 84 |
| 4.5 | | ニューラルネットワークによる頭痛 ············ 86 |
| | | ニューラルネットワーク ············ 86 |

# 第5章 ベイズ警部、原因の確率を計算する ··· 92

| 5.1 | 古びた教会にたたずむ ············ 92 |
|---|---|
| | ヨーロッパ中世 — 暗黒の時代 — ············ 95 |
| | トーマス・ベイズ ············ 95 |
| 5.2 | 古文書の発見と解読 ············ 96 |
| | 2×2クロス集計表についての一言 ············ 99 |
| 5.3 | 古文書のさらなる解読 ············ 100 |
| 5.4 | 原因の確率？ 結果の確率？ ············ 108 |
| 5.5 | ベイズ警部のルール —その1— ············ 110 |
| | ベイズ警部のルール — その1 — ············ 115 |

| 5.6 | ベイズ警部のルール —その2— | 116 |
|---|---|---|
| | 表5.6.2についての注意 | 117 |
| | ベイズ警部のルール —その2— | 120 |
| 5.7 | 確率で真犯人をつきとめる!? | 121 |
| | ベイズ警部のルール —その3— | 124 |
| | 確率の意味 | 128 |
| 5.8 | エピローグ | 129 |

# 第II部　数学編

| 第6章 | ベイズの定理を理解する | 132 |
|---|---|---|
| 6.1 | 確率の定義 —ベイズの定理への道— | 132 |
| | 確率の定義 —その1— | 133 |
| | 確率の定義 —その2— | 133 |
| | 確率の定義 —その3— | 133 |
| | 確率の定義 —その4— | 133 |
| | 多数回の実験に基づいた確率の定義 | 136 |
| | 確率の求め方 | 137 |
| | 試行と事象の定義 | 138 |
| | 大学数学での確率の定義 | 144 |
| 6.2 | ベイズの定理 | 148 |

|  |  | 乗法公式 | 148 |
|---|---|---|---|
|  |  | ベイズの定理 — その1 — | 149 |
|  |  | ベイズの定理 — その2 — | 150 |
|  |  | ベイズの定理 — その3 — | 151 |
|  |  | 問題 | 153 |
| 6.3 |  | モンティ・ホール問題 | 156 |
|  |  | モンティ・ホール問題とは？ | 156 |

| あとがき | 169 |
|---|---|
| 参考文献 | 170 |
| さくいん | 172 |

## まえがき

 ベイズ統計は、18世紀英国の牧師であり数学者だったトーマス・ベイズの書き残した遺稿を、ベイズの友人リチャード・プライスが整理し、さらにピエール・ラプラスが「ベイズの定理」としてまとめた式が、出発点になっています。
 ベイズ統計とは何なのでしょうか？ 多少の誤解は恐れず、簡潔に紹介するなら、

"原因の確率を結果から予測する"

ための統計が、ベイズ統計です。

 ベイズ統計は、その柔軟な発想のため、数学者から何度も攻撃されましたが、今では、パターン認識、情報検索、医学的診断、有向グラフを使ったネットワークなど、多くの分野に応用され、注目を浴びています。
 有名なところでは、インターネットの検索エンジンや、将棋を指す人工知能などの開発も、ベイズ統計の応用の例です。

 この本では、ある犯罪の捜査をめぐる愉快なストーリーを読みながら、ベイズ統計の一番重要な出発点であるベイズの定理を中心に、学んでいきます。
 ストーリーの舞台は、ベイズの故郷でもある英国に設定しました。

# まえがき

　英国ミステリーに登場する名警部たちは、殺人事件の捜査のとき、米国警察のような拳銃を所持しません。
　この警部たちは、すぐれた灰色の脳細胞だけを頼りに、事実と事実を論理的につなぎ合わせ、次第しだいに、真犯人を追いつめていきます。
　シャーロック・ホームズの時代には、馬車や手紙が重要な手段でしたが、現代では、コンピュータを駆使し、インターネットで検索し、科学的理論的情報処理により犯人を追及します。
　その方法には、高度な応用数学や、難解な確率論や、わかりにくい数理統計学による予測も含まれます。

　この世の中は複雑な因果関係で成り立っています。
　したがって、ある結果が起こるとすれば、それには原因となる何かが存在するはずです。
　数理統計学は、収集したデータから、将来の結果を予測しますが、今、注目を浴びているベイズの定理は、逆に、結果からその原因を推定します。
　ということは……。
　このベイズの定理を使えば、殺人事件という結果から、犯人という原因を推理することができるでしょうか？

　ジェローム・K・ジェロームの『ボートの三人男』の中に、新聞の天気予報を信じたばかりに、太陽の輝く秋の休日をふいにし、翌日はひどい雨と寒い風でカゼとリュウマチにやられるという話が出てきます。
　とかく、予測はそのように難しいものです……。

さて、この本の主人公「ベイズ警部」は、首尾よく確率を予測し、真犯人を検挙することができるのでしょうか？
　それは、この本を読んでのお楽しみです。

　この本を書くにあたり、講談社ブルーバックスの慶山篤さんには、犯罪の検索から文章の表現に至るまで、何から何までお世話になりました。深く感謝の意を表します。

　ところで、ロンドンのベーカー街221bが、ホームズの活躍した時代には存在しなかったように、この本に登場する地名、人物、データなどの多くは、架空のものです。
　したがって、ミッドサマーが英国に存在しないように、ミッドスプリングスも存在いたしません。

　　　2016年12月吉日
　　　　　　おへんろ宿「古民家　石村本家」にて

この本の特徴の一つは
"見て理解できる"
という点にあります。
さあ一読、ご覧あれ！

# 第 I 部
# 推理編

# 第 1 章

# ベイズ警部、殺人事件を捜査する

## 1.1 美しい田舎町で起きた殺人事件

ロンドン郊外の美しい田舎町、ミッドスプリングス。静かなこの町で、悲惨な殺人事件が発生した！

ミッドスプリングスで開かれたオープンガーデンで、有名なガーデンの主、ストン氏の変死体が発見された。

この日は、町をあげてのオープンガーデン公開日で、各家庭では工夫をこらした自慢のガーデンが一般の人たちに公開されていた。

### 死体の発見現場

- ニュートンのリンゴの木の下
- 後頭部に打撲のあと
- 近くの庭石に血のあと

### 発見者

- ２羽のニワトリ

    ストン氏がかわいがっていた２羽のニワトリが、いつまでもけたたましく鳴いていた。不審に思った隣のバンブー氏が庭をのぞいてみると、ストン氏がニワトリのそばであお向けに倒れていた。

1.1 美しい田舎町で起きた殺人事件

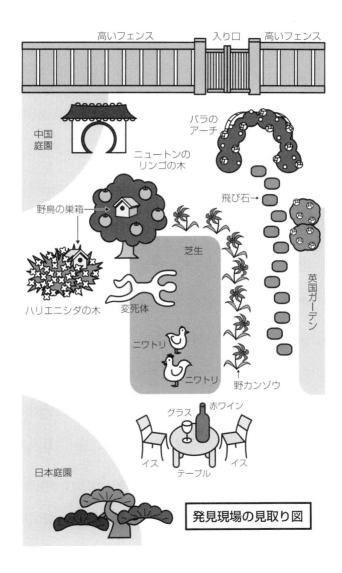

発見現場の見取り図

第 1 章 | ベイズ警部、殺人事件を捜査する

　この日は、町の人たちによるオイデヤ市が立ち、子供たちによる楽しいイベントもおこなわれていた。
　北はケンブリッジから、西はオックスフォードまで、遠方から、はるばると訪れる人もあった。
　ミッドスプリングスの町はにぎわっていた。
　被害者ストン氏の広大な庭には、ニュートンが万有引力を思いついたといわれている、由緒正しいリンゴの木から接ぎ木で増やしたとされる立派な大樹が植わっていて、それがストン氏のオープンガーデンでの目玉にもなっていた。

### オープンガーデンとは？

　ガーデニングの歴史が古い英国では、個人の庭をオープンガーデンとして、一般に公開する習慣があります。
　庭の見学料金は、赤ワインとケーキ付きで、500円程度といった按配です。

### ニュートンとリンゴの木

　英国東部ウールスソープにあるニュートンの実家には、ケントの花（Flower of Kent）という品種のリンゴの木が植わっていました。毎年、夏の終わり頃になると、このリンゴの実は次から次へと落ちてしまい、ニュートンでなくても
　　　"物が上から下へ落ちる"
ということに気づかされるしくみになっていました。

## 1.2 ロンドン警視庁鑑識課

　この地域は、通称「スコットランド・ヤード」で知られる、ロンドン警視庁が管轄している。
　変死体発見現場に臨場した警察官は、ストン氏が何らかの事件に巻き込まれた可能性があるとみて、セントラル・ロンドンにある庁舎へ、ストン氏の変死体を移送した。
　変死体は鑑識課に回され、司法解剖された。

### 死因

- 飲み物による毒殺。この毒物は、庭に生えているワイルド・フラワーだった。
- 後頭部の打撲のあとは、倒れたとき、庭石で頭を打ったようだ。

### 死亡時間

- 前日の午後3時から午後5時までの間と推定される。
- この時間帯は、ストン氏のオープンガーデンが開かれていた時間と一致する。

### その他

- 犯行現場やストン氏の邸宅内に、物色のあとはない。

第 1 章 | ベイズ警部、殺人事件を捜査する

## 🔗 1.3 ベイズ警部、捜査開始

スコットランド・ヤードは、ストン氏の変死を毒物を用いた殺人事件と断定。ただちに捜査を命じた。

この殺人事件は、スコットランド・ヤード殺人課の名警部、ベイズ氏が担当することになった。

ベイズ警部は、警察学校の訓練生だった頃を思い出していた。ロンドン大学から警察に招かれて講義をしていた、犯罪統計心理学の権威フロスト教授から、次の言葉を習ったのだった。

> ベイズ君、今や捜査はプロファイリングの時代だよ！
> 優秀な刑事になりたいのであれば、まずはプロファイリングの基本である統計学をよく勉強しておくことだ。
> そして、……。
> 被害者のデータと被害者に関わりのありそうな人物のデータを収集し、そのデータをよくながめることだ。

#### プロファイリングとは？

プロファイリングとは、犯罪のデータをもとに統計学や心理学を駆使して、犯人を特定してゆく手法のことです。

アメリカ合衆国の連邦捜査局FBIでは犯罪防止にプロファイリングを役立てています。

ベイズ警部は、ストン氏のデータを集めながら、次のようなことを考えてみた。

　　交差点の防犯カメラに映った挙動不審な男が、プロファイリングによって
　　　　"30分後に強盗事件を起こす"
と予測された。
　　そこで、警察はすぐに警察官を出動させ、その挙動不審な男を交差点で取りおさえたとしよう。
　　すると、……。
　　その結果、30分後に強盗事件は起こらないわけだから、
　　　　"30分後に強盗事件が起こる"
という予測は外れてしまうわけだ。
　　ということは、すぐれたプロファイリングをおこなえばおこなうほど、予測は外れてしまうということか？？？

　わけのわからなくなったベイズ警部は、エールを飲みにキングストンにあるパブへと出かけて行った。
　殺人課でも指おりの捜査官ベイズ氏は、酒豪という点でもスコットランド・ヤードで指おりだったのだ。
　彼は捜査に行き詰まると、いつも伝統的エールで灰色の脳細胞を生きいきとさせるのだった。

第 1 章 | ベイズ警部、殺人事件を捜査する

### 📝 被害者ストン氏の優雅な生活

　ベイズ警部は、手始めに被害者ストン氏の生活を調査した。

　被害者ストン氏は、ケンブリッジ大学の元教授。数年前に勤めていた大学を早期退職し、ミッドスプリングスの田舎の実家でひっそりとくらしていたことがわかった。

　早期退職の理由については、「一身上の都合」としか知らされていないが、ストン氏は若い頃から中国の詩人・陶淵明の漢詩を好み、口ずさんでいた。

　ストン氏は大学に勤めていた頃、鳥類学者アレン氏と親しくなり、二人でコスタリカ、エクアドルなど、世界中の鳥を見に出かけていたようだった。

　広大な庭にバードフィーダを置き、毎日野鳥をながめては赤ワインを飲んでいた。

　さらには、イングリッシュガーデンにのめりこみ、バラの品種改良による新種の開発を秘かにおこなっていたらしい。

　最近では、オープンガーデンを始め、入園料は赤ワインとケーキ付きで1000円と少し高めだった。

　この赤ワインは、めったに手に入らないチリ産の極上品だったので、遠くからも入園者がたえなかった。

　ある意味で、ストン氏はエキセントリックだった。

"eccentric"…centreの外という意味で、"風変わりな"ということ。

##  被害者ストン氏の性格

ベイズ警部は、被害者の人物像を知るため、彼の家族と友人から話を聞くことにした。

以前、のこぎりの目立てみたいだとの夫の発言に気を悪くした妻は、バイオリンの練習のため夫と離れて生活している。

● ストン氏の妻（バイオリニスト）の話

> 通俗的な事を嫌い、洗練された古典的感覚の持ち主でした。観察や分析を好みましたね。
> 論理的思考を大切にし、嫌いなタイプの相手とは全くつき合わない人でした。

この話から、ベイズ警部は、

> この性格は、近隣の人ともめ事を起こしやすいぞ。
> 事件の発端は、その辺りかな？
> 観察や分析を好むということは、まさに、バードウォッチャーだね。

と推測した。

次にベイズ警部は、被害者ストン氏の姉から話を聞いた。

第 1 章 | ベイズ警部、殺人事件を捜査する

● ストン氏の姉（自動車会社の会長）の話

弟は若い頃、とてもやせていました。
礼儀正しく、義理人情にあついところもありましたが、ときどき非常識な面もありました。
良く言えば忍耐強く、悪く言えばガンコで、自分の考えをまげないことがよくありました。

この話から、ベイズ警部は、

被害者ストン氏は粘り強い性格だったから、熱帯雲霧林でヒルやカにさされても、じっと鳥をまち続けていられたのか！ 非常識ということは、他人からのうらみを買ったのかな？

と推測した。
次にベイズ警部は、被害者ストン氏の勤めていた大学の友人から話を聞いた。

● ストン氏の友人（内科学の教授）の話

彼は社交的で親切。温かみのある人でしたね。
常にユーモアを忘れず、時に活発に行動しましたが、気持ちの浮きしずみが、時系列の周期変動のようにくり返されているようでした。

この話から、ベイズ警部は、

1.3 ベイズ警部、捜査開始

　社交的という性格から、オープンガーデンを始めたのかな。
　周期変動のように気持ちが浮きしずみをするということは、近所の人から誤解を受けやすかったのかもしれない。

と推測した。

　そして、ベイズ警部は次のように考えた。

　ストン氏は強い自信の持ち主だが、自己中心的ではなく高い知性と広い見識を持った人物だったようだ。しかし、同時に、他人のうらみを買いやすい性格だったのかもしれない。
　バラの新品種開発の研究を秘かにおこなっていたということは、犯人は、ストン氏のつくったバラの新品種が目的だった……？
　いや、犯人が研究成果を盗み出したかったのなら、現場に物色のあとがあったはずだ。
　むしろ、近所の人ともめ事を起こしそうな性格が事件の背景にあるのではないか？
　これは、要因を心理統計的に調べてみる必要がありそうだな。

バラは男の人生を狂わす。
クレオパトラのように。

# 第2章

# ベイズ警部、データを収集する

## 2.1 ベイズ警部の聞き込み捜査

　ベイズ警部は、殺人現場周辺の聞き込み捜査をおこなうことにした。

　殺人事件の場合、

　　　　　　　"ゆきずりの殺人"

というのはあまり多くなく、次の表のように

　　　"犯人の50%は親族、犯人の40%は友人・知人"

である、ということが経験則となっている。

【表2.1.1　殺人事件と犯人の比率】

| 被害者との関係 | 親族 | 友人・知人 | その他 |
|---|---|---|---|
| パーセント | 50% | 40% | 10% |

　そこでベイズ警部は、まず被害者ストン氏の近所から情報を収集し、それを

　　　　　　　"統計の調査結果"

としてまとめることにした。

## データ収集の方法

統計の調査では、
　　　　対象となるもののデータを収集すること
が基本です。統計の調査には、
- 全数調査
- 標本調査

があります。

全数調査とは、対象となる集団内のすべてを調査する方法です。

例えば、国勢調査などは代表的な全数調査です。

全数調査は一般に費用も手間もかかるので、対象となる集団から一部を抽出して調査することもあります。これを標本調査といいます。

標本を選ぶ方法の基本はランダムサンプリングです。無作為抽出ともいいます。

しかし、対象となる集団の中に交じっている犯人を特定したい、というような場合には、ランダムサンプリングは適切ではありませんね！

データを収集する方法としてよく利用されているのは
- アンケート調査法（質問紙調査法）
- 聞き取り調査法（ヒアリング調査法）

の2種類です。

第2章 | ベイズ警部、データを収集する

### アンケート調査法と聞き取り調査法

● アンケート調査法

アンケート調査法は、調査対象者に対し次のようなアンケート調査票を配布し、いろいろな項目について記入してもらいます。

---

#### アンケート調査票

項目 1.1　あなたの性別は？

項目 1.2　あなたの年齢は？

項目 1.3　あなたの職業は？

項目 2.1　あなたは野鳥が好きですか？

項目 2.2　あなたはガーデニングが好きですか？

項目 2.3　あなたは家庭菜園が好きですか？

(以下略)

<u>☆ご協力、ありがとうございました。</u>

---

● 聞き取り調査法

聞き取り調査法は、調査対象者に直接会って、いろいろな項目についてたずねます。

> ボイスレコーダーを使用するときは
> 調査対象者に無断で録音することなく、
> 必ず相手の許可をもらいましょう!!

## 近隣の住民146人のデータ

ベイズ警部は、被害者ストン氏の近隣の住民146人について、地道な聞き取り調査をおこなった。

収集したデータは、次のようになった。

**【表2.1.2 近隣の住民146人から収集したデータ】**

| No | 性別 | 年齢 | 職業 | 野鳥 | ガーデニング | 家庭菜園 | タバコ | お酒 | 紅茶 | ケーキ |
|---|---|---|---|---|---|---|---|---|---|---|
| 1 | 2 | 40 | 1 | 1 | 0 | 1 | 1 | 1 | 1 | 0 |
| 2 | 2 | 30 | 1 | 1 | 1 | 0 | 1 | 0 | 0 | 1 |
| 3 | 1 | 50 | 2 | 0 | 1 | 0 | 1 | 1 | 1 | 0 |
| 4 | 1 | 70 | 3 | 1 | 1 | 0 | 1 | 0 | 0 | 0 |
| 5 | 2 | 70 | 3 | 1 | 1 | 0 | 0 | 1 | 1 | 0 |
| 6 | 2 | 80 | 3 | 0 | 1 | 1 | 1 | 1 | 1 | 1 |
| 7 | 2 | 20 | 3 | 1 | 1 | 0 | 1 | 1 | 0 | 1 |
| 8 | 1 | 40 | 3 | 1 | 0 | 1 | 0 | 1 | 1 | 0 |
| 9 | 1 | 70 | 1 | 1 | 1 | 0 | 1 | 1 | 1 | 0 |
| 10 | 1 | 30 | 3 | 0 | 1 | 1 | 0 | 1 | 1 | 0 |
| ⋮ | ⋮ | ⋮ | ⋮ | ⋮ | ⋮ | ⋮ | ⋮ | ⋮ | ⋮ | ⋮ |
| 146 | 1 | 60 | 4 | 1 | 1 | 1 | 0 | 1 | 1 | 0 |

「あなたは野鳥が好きですか?」など、
「はい」「いいえ」で答える質問への回答は、
　　0…いいえ　　1…はい
と表記しています。

# 第2章 ベイズ警部、データを収集する

## 名義データのときはダミー変数を！

表2.1.2の中の「職業」の変数の値が「4」とか、「野鳥」の変数の値が「1」になっています。

この数字は、例えば職業であれば、「農業」に1、「製造業」に2、「サービス業」に3、「その他」に4のように便宜上割り当てているだけで、その数値が順序や大小関係を表しているわけではありません。

このようなデータを**名義データ**といいます。

名義データの場合は、次のようなダミー変数を利用しましょう。

**【表2.1.3　ダミー変数の例——カテゴリが4個の場合】**

| No | 職業 |
|---|---|
| 1 | サービス業 |
| 2 | 農業 |
| 3 | 農業 |
| 4 | その他 |
| 5 | 製造業 |

↑名義データ

→

| No | 農業 | 製造業 | サービス業 | その他 |
|---|---|---|---|---|
| 1 | 0 | 0 | 1 | 0 |
| 2 | 1 | 0 | 0 | 0 |
| 3 | 1 | 0 | 0 | 0 |
| 4 | 0 | 0 | 0 | 1 |
| 5 | 0 | 1 | 0 | 0 |

名義データの各カテゴリ
- 農業
- 製造業
- サービス業
- その他

を変数とし、値は0、1とします。

## 2.2 3人の容疑者

ベイズ警部の地道な調査とプロファイリングの結果、捜査線上に浮かび上がってきたのは、近所に住む
- 弁護士のザンダース氏 (Ms. Xanders)
- 農家のヤングワース氏 (Mr. Youngworth)
- ピアニストのツォップフ氏 (Ms. Zopf)

の3人だった。

ベイズ警部は、以下、3人の容疑者の頭文字をとって、X氏、Y氏、Z氏と表すことにした。

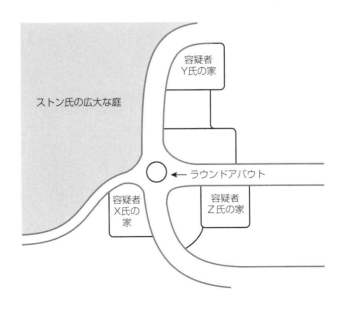

第 2 章 | ベイズ警部、データを収集する

### 📝 容疑者X氏の情報 （プロファイル）

- 職業………弁護士
- 性別………女性
- 年齢………55歳
- 趣味………庭いじり
- 性格………論理的
- タバコ……好き
- お酒………好き
- 紅茶………好き
- ケーキ……嫌い
- ストン氏とトラブルを起こした回数……9回

殺されたストン氏の庭から、ワイルド・フラワーのタネが飛び込み、いつも迷惑している。

いつもストン氏にワイルド・フラワーを刈り取るよう苦情を言っていたが、ストン氏は無視していた。

ベイズ警部は、次のようなことを考えてみた。

> X氏の庭にワイルド・フラワーが生えたとき、その原因がストン氏の庭園から飛んできたワイルド・フラワーのタネであるかどうか？

## 容疑者Y氏の情報 （プロファイル）

- 職業………農業
- 性別………男性
- 年齢………35歳
- 趣味………愛犬家、狩猟
　　　　　　（特にイノシシ狩り）
- 性格………どうもう
- タバコ……嫌い
- お酒………好き
- 紅茶………好き
- ケーキ……嫌い
- ストン氏とトラブルを起こした回数……5回

　野鳥観察が趣味のストン氏は、庭にネコが入らないように、家のまわりにネコ撃退薬をまいていた。

　ストン氏がまいたその薬を、散歩中のY氏の犬が食べて死んでしまった、とY氏はさかんに主張していた。

　Y氏は、ストン氏を相手取って裁判まで起こしたが、あえなく敗訴している。

　ベイズ警部は、次のようなことを考えてみた。

> 愛犬が死んだとき、その原因がネコ撃退薬であるかどうか？

第 2 章｜ベイズ警部、データを収集する

### ✒ 容疑者Z氏の情報（プロファイル）

- 職業………ピアニスト
- 性別………女性
- 年齢………45歳
- 趣味………ジャム作り
- 性格………しつこい
- タバコ……嫌い
- お酒………嫌い
- 紅茶………嫌い
- ケーキ……好き
- ストン氏とトラブルを起こした回数……3回

ストン氏が大切にしている野鳥がZ氏の洗濯物をフンでよごすので、野鳥にエサを与えないようストン氏に注意していた。

けっぺき性で、とてもきれい好きということから、ベイズ警部は、次のようなことを連想した。

> 野鳥のフン
> →鳥インフルエンザにかかる
> →殺意
>
> Z氏が鳥インフルエンザにかかったとき、その原因がストン氏の庭の野鳥であるかどうか？

ベイズ警部は、プロファイリングによって、容疑者をこの3人にまでしぼってみたが、それ以上のことは、何もわからなかった。

　くたびれはてたベイズ警部は、今夜もパブでエールを飲みながら、次の着想がわいてくるのを待つのだが、わいてくるのは泡ばかりだった。

# 第3章

# ベイズ警部、関連性について考える

## 3.1 殺害方法と性別の関連性は?

ベイズ警部は、オープンガーデン殺人事件において、毒物による殺人であることに注目した。

というのも、以前、ベイズ警部は「英国ミステリー」というテレビ番組で

「刺殺は男性が犯人、毒殺は女性が犯人……」

という私立探偵のセリフがあったことを思い出したのだった。

そこで、ベイズ警部は

"毒殺と犯人の性別との関連性"

を調べることにした。ミッドスプリングスの犯罪データベースにあたってみると、

**【表3.1.1 毒殺と性別】**

| | | 毒殺による殺人 | 毒殺以外による殺人 |
|---|---|---|---|
| 犯人 | 女性 | 8件 | 2件 |
| | 男性 | 10件 | 40件 |

という2×2クロス集計表が得られた。

表3.1.1をもとにして、毒物を使う比率を男女別で計算してみると、次のようになった。

- 女性が毒物を使う比率 $= \dfrac{\boxed{8}}{\boxed{8}+\boxed{2}} \times 100\%$
  $= 80\%$
- 男性が毒物を使う比率 $= \dfrac{\boxed{10}}{\boxed{10}+\boxed{40}} \times 100\%$
  $= 20\%$

ということは、

- 女性が相手を殺害する場合、
  　　毒物を利用する比率が高い
- 男性が相手を殺害する場合、
  　　毒物を利用する比率が低い

つまり、

殺害方法と性別の間には関連がありそうだ。

### 殺人事件の手口に男女差がある？

殺害方法には、絞殺、刺殺、毒殺など、いろいろありますが、世界で最も有名な殺人事件はなんといっても、1888年に英国で起きた「切りさきジャック」（Jack the Ripper）による連続殺人事件のようです。

このジャックという男性名からもわかるように、刺殺は男性に多くみられ、殺害方法と性別の間には何らかの関連があるのではないか、といわれています。

毒殺の場合は古くから、犯人が女性であることが多い、と、まことしやかにいわれています。

確かに、ブランヴィリエ夫人（フランス、17世紀）による連続毒殺など、歴史上有名な毒殺事件には、いく人かの女性犯がいます。

こうしたことから、「毒殺は女性……」という印象も、一部にありますが、これは正しいのでしょうか？

現実に人が犯罪をおこなう要因はきわめて複雑で、単純に女性は毒殺、男性は刺殺、とはいえません。

この本は厳密な犯罪心理学の本ではなく、統計学の初歩の入門書なので、表3.1.1は仮想的な数値としています。

「毒殺は女性……」という印象が
本当に正しいのかどうかを検証した
犯罪学の論文もあります。
興味のある人は、
巻末の参考文献にあげた
「毒殺―その行為、犯人、被害者―」
という論文を読んでみてください。

# 3.2 "関連がない" ということ!

"関連あり" の逆は "関連なし" だ!

そこでベイズ警部は、逆のことを考えてみた。

"関連がない"

というのは、どういうことになるのだろうか?

例えば、次の表のように、"女性と男性とで毒物を使う比率が同じ" だとしたら……。

【表3.2.1 毒殺と性別（比率が同じとした場合）】

|  |  | 毒殺による殺人 | 毒殺以外による殺人 |
|---|---|---|---|
| 犯人 | 女性 | 6件 | 4件 |
|  | 男性 | 30件 | 20件 |

- 女性が毒殺する比率 = $\dfrac{\boxed{6}}{\boxed{6}+\boxed{4}}$ ……60%

- 男性が毒殺する比率 = $\dfrac{\boxed{30}}{\boxed{30}+\boxed{20}}$ ……60%

このとき、ふと、ベイズ警部は次の等式に気がついた。

$$\boxed{6} \times \boxed{20} = 120 = \boxed{30} \times \boxed{4}$$

2つの比率が等しいときは、
このような等式がいつも成り立つのか?

第3章 | ベイズ警部、関連性について考える

慎重なベイズ警部は、いろいろな例について、具体的に考えてみた。

例1．

【表3.2.2 毒殺と性別―例1―】

|  | $A_1$ | $A_2$ |
|---|---|---|
| $B_1$ | 6 | 4 |
| $B_2$ | 12 | 8 |

$\boxed{6} \times \boxed{8} = 48 = \boxed{12} \times \boxed{4}$

例2．

【表3.2.3 毒殺と性別―例2―】

|  | $A_1$ | $A_2$ |
|---|---|---|
| $B_1$ | 6 | 4 |
| $B_2$ | 18 | 12 |

$\boxed{6} \times \boxed{12} = 72 = \boxed{18} \times \boxed{4}$

例3．

【表3.2.4 毒殺と性別―例3―】

|  | $A_1$ | $A_2$ |
|---|---|---|
| $B_1$ | 6 | 4 |
| $B_2$ | 24 | 16 |

$\boxed{6} \times \boxed{16} = 96 = \boxed{24} \times \boxed{4}$

いつも同じような等式が成り立っているぞ!!

そこでベイズ警部は、記号で表現してみることにした。
ベイズ警部は、

"等式を一般化する"

ということを考えたのだった。

**【表3.2.5 2×2クロス集計表】**

|   | 毒殺 | 毒殺以外 |
|---|---|---|
| 女性 | $a$ | $b$ |
| 男性 | $c$ | $d$ |

● 女性が毒殺をする比率……$\dfrac{a}{a+b} \times 100\%$

● 男性が毒殺をする比率……$\dfrac{c}{c+d} \times 100\%$

この2つの比率が同じだと仮定すると

$$\frac{a}{a+b} \times 100\% = \frac{c}{c+d} \times 100\%$$

$$\frac{a}{a+b} = \frac{c}{c+d}$$

$$a \times (c+d) = (a+b) \times c$$

$$a \times c + a \times d = a \times c + b \times c$$

$$a \times d = b \times c$$

となるぞ。

第3章 | ベイズ警部、関連性について考える

つまり、2つのことがらの間に関連がなければ

$$\boxed{a} \times \boxed{d} = \boxed{b} \times \boxed{c}$$

という等式が成り立つというわけだ。

この式を次のように変形しておこう。

$$\frac{\boxed{a} \times \boxed{d}}{\boxed{b} \times \boxed{c}} = 1$$

以上のことから……。

次のような2×2クロス集計表の場合、

**【表3.2.6 2×2クロス集計表】**

|  |  | ことがらA ||
|---|---|---|---|
|  |  | $A_1$ | $A_2$ |
| ことがらB | $B_1$ | $a$ | $b$ |
|  | $B_2$ | $c$ | $d$ |

2つのことがらA、Bについて

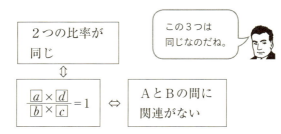

ということなのだ。

ということは、

"毒殺事件" と "犯人が女性" という
2つの属性の間には関連がある

と考えられるのだから、毒殺と性別の場合、

$$\frac{\boxed{a} \times \boxed{d}}{\boxed{b} \times \boxed{c}} は1より大きいのか??$$

または
1より小さいのか??

さっそく具体的に確認してみよう!!

【表3.2.7 毒殺と性別】

|  | 毒殺による殺人 | 毒殺以外による殺人 |
|---|---|---|
| 女性 | 8 | 2 |
| 男性 | 10 | 40 |

$$\frac{\boxed{8} \times \boxed{40}}{\boxed{10} \times \boxed{2}} = \frac{320}{20} = 16 > 1$$

確かに1より大きくなっているね。

やはり、

"毒殺事件" と "犯人は女性" という
2つのことがらの間には関連がある

といってよさそうだ。

統計学では、
ことがらのことを
属性と表現します。

## 第3章 | ベイズ警部、関連性について考える

　　念のために、他のいろいろな状況の場合についても計算してみよう。

　計算の嫌いなベイズ警部は、計算はすべて部長刑事のチェン氏にまかせることにした。

**【表3.2.8 2×2クロス集計表】**

|  | $A_1$ | $A_2$ |
|---|---|---|
| $B_1$ | 8 | 2 |
| $B_2$ | 4 | 6 |

$$\frac{\boxed{8} \times \boxed{6}}{\boxed{4} \times \boxed{2}} = 6.00$$

**【表3.2.9 2×2クロス集計表】**

|  | $A_1$ | $A_2$ |
|---|---|---|
| $B_1$ | 8 | 2 |
| $B_2$ | 5 | 5 |

$$\frac{\boxed{8} \times \boxed{5}}{\boxed{5} \times \boxed{2}} = 4.00$$

**【表3.2.10 2×2クロス集計表】**

|  | $A_1$ | $A_2$ |
|---|---|---|
| $B_1$ | 8 | 2 |
| $B_2$ | 6 | 4 |

$$\frac{\boxed{8} \times \boxed{4}}{\boxed{6} \times \boxed{2}} = 2.67$$

　これは、"2つのことがらの関連性の程度"を表現するのに、もってこいの数式だぞ!!

3.2 "関連がない" ということ!

でも、表3.2.7の性別を、上下さかさまにしてみると……。

**【表3.2.11 2×2クロス集計表】**

|  | 毒殺 | 毒殺以外 |
|---|---|---|
| 男性 | 10 | 40 |
| 女性 | 8 | 2 |

このときは、次のようになる。

$$\frac{\boxed{a}\times\boxed{d}}{\boxed{b}\times\boxed{c}} = \frac{10\times 2}{40\times 8} = \frac{1}{16} < 1$$

1より小さくなった!

やはり、

$$\boxed{\frac{\boxed{a}\times\boxed{d}}{\boxed{b}\times\boxed{c}} = 1} \Leftrightarrow \boxed{\text{関連がない}}$$

ということなのだ。

> 2つの比率が異なる ⇔ $\frac{a\times d}{b\times c} > 1$ ⇔ 関連がある
>
> 2つの比率が同じ ⇔ $\frac{a\times d}{b\times c} = 1$ ⇔ 関連がない
>
> 2つの比率が異なる ⇔ $\frac{a\times d}{b\times c} < 1$ ⇔ 関連がある

# 第3章 ベイズ警部、関連性について考える

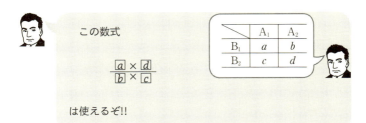

この数式

$$\frac{\boxed{a} \times \boxed{d}}{\boxed{b} \times \boxed{c}}$$

は使えるぞ!!

|  | $A_1$ | $A_2$ |
|---|---|---|
| $B_1$ | $a$ | $b$ |
| $B_2$ | $c$ | $d$ |

大満足のベイズ警部は、緑が多く静かな田舎町ミッドスプリングスの由緒あるパブへ出かけた。

このパブでは、エールはグラスではなく、陶器についでくれるのだった。エールを飲むときはグラスより陶器の方が美味しいような気がした。

エールを飲みながら、ベイズ警部は先ほどのクロス集計表をいじくりまわしてみた。

**【表3.2.12 2×2クロス集計表】**

|  | $A_1$ | $A_2$ | 合計 |
|---|---|---|---|
| $B_1$ | $a$ | $b$ | $a+b$ |
| $B_2$ | $c$ | $d$ | $c+d$ |

比率にしてみると……。

**【表3.2.13 比率で表現】**

|  | $A_1$ | $A_2$ | 合計 |
|---|---|---|---|
| $B_1$ | $\dfrac{a}{a+b}$ | $\dfrac{b}{a+b}$ | $\dfrac{a+b}{a+b}$ |
| $B_2$ | $\dfrac{c}{c+d}$ | $\dfrac{d}{c+d}$ | $\dfrac{c+d}{c+d}$ |

3.2 "関連がない"ということ!

確率 $p$ と $q$ にしてみると……。

【表 3.2.14 確率で表現】

|  | $A_1$ | $A_2$ | 合計 |
|---|---|---|---|
| $B_1$ | $p$ | $1-p$ | 1 |
| $B_2$ | $q$ | $1-q$ | 1 |

陶器のマグを傾けてエールを飲みながら、なにげなくパブの壁に目をやったベイズ警部は、そこに貼り付けられていた競馬の出走表に気がついた。

### ミッドスプリングス
#### 第6レース

| 馬番 | 馬名 | オッズ | 騎手名 | 負担重量(ポンド) |
|---|---|---|---|---|
| 1 | ビッグベン | 4/1 | レノン | 116 |
| 2 | バッキンガム | 14/1 | マッカートニー | 120 |
| 3 | トラファルガー | 6/1 | ハリスン | 117 |
| 4 | ハンプトンコート | 12/1 | スター | 116 |
| 5 | ロンドンアイ | 2/1 | ジャガー | 118 |
| 6 | アートモダン | 15/1 | リチャーズ | 115 |
| 7 | タワーブリッジ | 1/1 | ウッド | 116 |
| 8 | ピカデリーサーカス | 30/1 | ワッツ | 110 |

こ、これは!!

ここで、「オッズ」を解説しよう。

第3章 | ベイズ警部、関連性について考える

### 競馬のオッズ

競馬などの賭け事で使われる「オッズ」とは、ある馬に賭けた馬券が当たった場合に、何倍の勝ち金がもらえるか、を表す数値です。

例えば、前ページの出走表の7番の馬のように「オッズ1/1」であれば、次のような結果となります。

- 馬が勝てば、100円の勝ち金＋100円の馬券分、合計200円が払い戻される
- 馬が負ければ、馬券は没収、払い戻しは0円

また、同じ出走表の5番の馬のように「オッズ2/1」であれば、次のような結果となります。

- 馬が勝てば、200円の勝ち金＋100円の馬券分、合計300円が払い戻される
- 馬が負ければ、馬券は没収、払い戻しは0円

これは英国式オッズです。

ベイズ警部の頭の奥で、何かがチカチカッとした……。

## 3.3 オッズとオッズ比で悩む

ベイズ警部の頭の奥でひらめいたもの！ それは、次のような対応だった。

$$\frac{a \times d}{b \times c} = \frac{\dfrac{a}{b}}{\dfrac{c}{d}} \leftrightarrow \frac{\dfrac{p}{1-p}}{\dfrac{q}{1-q}}$$

これは、オッズ $\dfrac{p}{1-p}$ とオッズ $\dfrac{q}{1-q}$ の比ではないか？

ベイズ警部は、統計学のオッズを思い出したのだ。

**オッズの定義**

オッズとは、
- 出来事Ａが起こる確率を $p$
- 出来事Ａが起こらない確率を $1-p$

としたときの比のことです。

$$\text{オッズ} = \frac{p}{1-p}$$

オッズ＝odds

オズ（Oz）の魔法使いとは関係ありません。

## オッズが1とは?

オッズの意味を考えようとしたベイズ警部は
"オッズが1とは何か?"
について考えてみた。

オッズ……$\dfrac{p}{1-p}$

つまり、オッズが1とは

計算の嫌いな
ベイズ警部
だったが、
式の変形は
大好きだった。

$$\dfrac{p}{1-p} = 1$$

となる。この式を変形してみよう。

分母をはらうと……　$p = 1-p$
$-p$を左辺に………　$2p = 1$
両辺を2で割る……　$p = \dfrac{1}{2}$

つまり、オッズが1とは

- 出来事Aの起こる確率　　$p = \dfrac{1}{2}$
- 出来事Aの起こらない確率　$1-p = \dfrac{1}{2}$

のことなのだ。
つまり、

"オッズが1とは　50%　50%"

のことなのだ。
では、オッズが大きくなると……。

### ✏️ オッズが2とは？

オッズが1より大きくなると、どうなるのだろうか？
ベイズ警部は、オッズが2の場合について考えてみた。

$$\frac{p}{1-p} = 2$$

$$p = 2(1-p)$$

$$p = 2 - 2p$$

$$3p = 2$$

$$p = \frac{2}{3}$$

したがって、オッズが2とは

- 出来事Aの起こる確率　$p = \dfrac{2}{3}$
- 出来事Aの起こらない確率　$1 - p = \dfrac{1}{3}$

のことなのだ。
　つまり……

> オッズの値が大きくなれば、
> 　　出来事Aの起こる確率が高くなる。

ということは、出来事Aを事件とすれば、
　　　　　　オッズ＝"リスクの程度を表す数値"
となりそうだとベイズ警部は思った。

第3章 | ベイズ警部、関連性について考える

###  オッズ比の定義

オッズがリスクの程度を表現できるのであれば、オッズとオッズの比をとれば、

"2つのリスクの程度を比較できるのではないか？"

とベイズ警部は思いついた。

すると、オッズとオッズの比だから、

オッズ比

ということか！

---

**オッズ比の定義**

2つの出来事を出来事A、出来事Bとすると

**【表3.3.1 2つのオッズ】**

|  | 起こる確率 | 起こらない確率 |
|---|---|---|
| 出来事A | $p$ | $1-p$ |
| 出来事B | $q$ | $1-q$ |

$$\text{オッズ比} = \frac{\dfrac{p}{1-p}}{\dfrac{q}{1-q}}$$

オッズ比 =odds ratio

---

となると、オッズ比が大きくなるとは??

- **オッズ比が1より大きい場合**
  タバコを吸う人が肺ガンになるリスクは、
  　タバコを吸わない人が肺ガンになるリスクより高い。

###  オッズ比が1とは？

ベイズ警部は、オッズ比が1の場合について考えてみた。

オッズ比が1、つまり、

$$\frac{\frac{p}{1-p}}{\frac{q}{1-q}} = 1$$

を変形してみよう。

ベイズ警部はこういうカンタンな式の変形は得意なのだった。

分母をはらって……　　$\dfrac{p}{1-p} = \dfrac{q}{1-q}$

分母をはらって……　$p \times (1-q) = (1-p) \times q$

カッコをとると……　　$p - pq = q - pq$

$$p = q$$

つまり、"オッズ比が1"とは、
    "2つの出来事の比率は同じ"
ということを表すのだ！
 別の表現をすれば
    "2つの出来事の間に関連はない"
となるね。

## 3.4 オッズ比と"独立である"ということ!?

ベイズ警部はエールを飲みながら、
　　　"2つの出来事AとBの関連性"
について、もう少し考えてみることにした。

> "関連がない"ということは、"独立である"ということだ。

2つの出来事AとBのオッズ比が1の場合、
　　　"2つの出来事AとBの間に関連がない"
つまり、
　　　"2つの出来事AとBは独立である"
と表現できる。

ベイズ警部は、統計学の教科書をひもとき、"独立である"について調べてみた。

---

### 独立の定義

$Pr(A)$：事象Aの起こる確率

$Pr(B)$：事象Bの起こる確率

$Pr(A \cap B)$：事象Aと事象Bが同時に起こる確率

この場合に、

$$Pr(A \cap B) = Pr(A) \times Pr(B)$$

が成り立つとき、

　　　"事象Aと事象Bが独立である"

という。

3.4 オッズ比と"独立である"ということ!?

ベイズ警部は次の表を使って、
　　　"出来事Aと出来事Bが独立であること"
について考えてみた。

**【表3.4.1 2×2クロス集計表】**

|  | 事象Bが起こる | 事象Bが起こらない |
|---|:---:|:---:|
| 事象Aが起こる | $a$ | $b$ |
| 事象Aが起こらない | $c$ | $d$ |

$$Pr(\text{A}) = \text{事象Aが起こる確率} = \frac{a+b}{a+b+c+d}$$

$$Pr(\text{B}) = \text{事象Bが起こる確率} = \frac{a+c}{a+b+c+d}$$

$$Pr(\text{A} \cap \text{B}) = \text{事象Aと事象Bが同時に起こる確率}$$
$$= \frac{a}{a+b+c+d}$$

このとき、

$$\boxed{Pr(\text{A}) \times Pr(\text{B}) = Pr(\text{A} \cap \text{B})}$$

と仮定すると……

"独立である"は、英語でindependentです。
名詞にしたindependenceは"独立性"です。
2ページ先から登場する"test of independence"は、
事象Aと事象Bが独立かどうかを検定(テスト)する手順です。

つまり、事象Aと事象Bが独立とすると、

$$\frac{a}{a+b+c+d} = \frac{a+b}{a+b+c+d} \times \frac{a+c}{a+b+c+d}$$

となる。

この式を変形してみよう。

$$(a+b+c+d) \times a = (a+b) \times (a+c)$$
$$a \times a + b \times a + c \times a + d \times a = a \times a + b \times a + a \times c + b \times c$$
$$d \times a = b \times c$$
$$\frac{a \times d}{b \times c} = 1$$

つまり

| 2つの事象AとBが独立 | ⇔ | オッズ比が1 |

ということなのか！

# 3.5 モース教授、独立性の検定をおこなう

2つの出来事A、Bの間に関連があるかどうかを数学的に調べたくなったベイズ警部は、ロンドンから西へ約90km、オックスフォード大学の理論数理統計学の権威モース教授をたずねた。

今日もワーグナーの曲を聞きながらクロスワードパズルを楽しんでいたモース教授は、やおら立ち上がると、黒板に

"test of independence"

と大書した。

> そのようなときは、次の独立性の検定という手順をふめばよいのですよ、警部。
>
> <u>手順1.</u> 仮説と対立仮説をたてる。
>   仮説　　$H_0$：　事象AとBは独立である
>   対立仮説 $H_1$：　事象AとBの間には関連がある
>
> <u>手順2.</u> カイ2乗分布にしたがう検定統計量を計算する。
>
> <u>手順3.</u> 検定統計量がカイ2乗分布の棄却域に入れば仮説を棄却し、対立仮説を採用する。

"カイ2乗分布って何？" という点は、今は気にしないで！

第3章 | ベイズ警部、関連性について考える

## 検定統計量と棄却域

**【表3.5.1 2×2クロス集計表】**

|   | $B_1$ | $B_2$ | 合計 |
|---|---|---|---|
| $A_1$ | $a$ | $b$ | $a+b$ |
| $A_2$ | $c$ | $d$ | $c+d$ |
| 合計 | $a+c$ | $b+d$ | $N$ |

● 検定統計量の公式

$$T = \frac{\{N \cdot a - (a+b) \cdot (a+c)\}^2}{N \cdot (a+b) \cdot (a+c)} + \frac{\{N \cdot b - (a+b) \cdot (b+d)\}^2}{N \cdot (a+b) \cdot (b+d)} \\ + \frac{\{N \cdot c - (c+d) \cdot (a+c)\}^2}{N \cdot (c+d) \cdot (a+c)} + \frac{\{N \cdot d - (c+d) \cdot (b+d)\}^2}{N \cdot (c+d) \cdot (b+d)}$$

● 棄却域の範囲

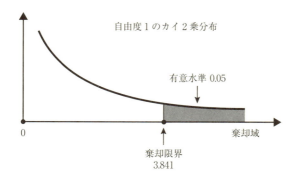

　唐突に、複雑な公式やグラフを見せられたベイズ警部は、頭痛がしてきた。

3.5 モース教授、独立性の検定をおこなう

教授、なるほど興味深いですな。参考にいたします。しかし、今は犯罪の……。

初歩的なことだよ、警部。表3.1.1のデータをパソコンに打ち込めば、それでよいのだからね！

モース教授は、研究室のパソコンの電源を入れて、なにやら「SPSS」というタイトルのついた統計解析用ソフトを起動した。SPSSで、カイ2乗分布による独立性の検定を実行するというのだ。

ただちにその結果がパソコンに出力された。

**【表 3.5.2 SPSSによるカイ2乗検定】**

|  | 値 | 自由度 | 漸近有意確率（両側） | 正確有意確率（両側） | 正確有意確率（片側） |
|---|---|---|---|---|---|
| Pearsonのカイ2乗 | 14.286 | 1 | .000 | | |
| 連続修正 | 11.571 | 1 | .001 | | |
| 尤度比 | 13.255 | 1 | .000 | | |
| Fisherの直接法 | | | | .001 | .001 |
| 線型と線型による連関 | 14.048 | 1 | .000 | | |
| 有効なケースの数 | 60 | | | | |

この出力結果によると、
　　　検定統計量 = 14.286
になっていることがわかった。

第3章 | ベイズ警部、関連性について考える

この「14.286」という数字は、なにを表すのです？

自由度１のカイ２乗分布の棄却限界は3.841なので、
「検定統計量14.286は棄却域に入っている」
ということですな。

教授、お答えには感謝しますが、残念ながら理解できません。できれば、統計学者ではなく５歳の子供にもわかるようなご説明をお願いしたい。

モース教授は、統計学における「仮説検定」の手順について、とうとうと説明しはじめた。

ベイズ警部は内心うんざりしながら聞いていたが、どうにか理解できたことを彼なりに整理すると、おおむね以下のようなことであった。

### 「検定統計量14.286は棄却域に入っている」とは？

検定統計量とは、仮説が正しいかどうかを判定するための値のことです。カイ２乗分布にしたがう検定統計量は、"２つの事象が独立であるかどうか"の判定で、よく用いられる量です。

仮説が正しいときは検定統計量は０に近くなり、仮説が正しくないときは検定統計量は０から遠くなります。

その境界点を棄却限界といい、棄却限界より大きいところを仮説を棄却する領域――棄却域――といいます。

したがって、「検定統計量が棄却域に入る」とは"仮説が棄却される"という意味です。ここでは、"毒殺による殺人と性別とは独立である"という仮説が棄却されるので、"毒殺による殺人と性別の間には関連がある"という結論となります。

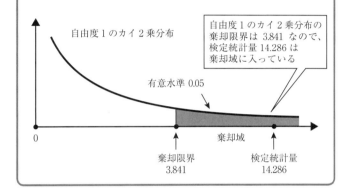

このような次第で、
　　"毒殺による殺人と性別の間には関連がある"
ということがわかった。
　つまり、犯人は女性の可能性が高いと思われる。

　しかし、慎重なベイズ警部は他にも毒殺と関連のある要因はあるかもしれないと、少し心配になってきた。
　すると、モース教授は、いくつかの要因の中から関連の強い順に要因を取り出す統計手法、
　　　　　　　決定木（けっていぎ）
の利用をベイズ警部にすすめた。

# 3.6 決定木とはなんの木??

モース教授は、さらに強力な統計手法

  決定木

についても、次のような解説をおこなった。

決定木とは "decision tree" のことで、いくつかの要因があったとき、関連の強い順に要因を木の枝のように分類してゆく統計手法です。

具体例で、お話ししましょう!!

次のデータは、医学でよく登場する脳卒中についての研究結果です。

【表3.6.1 脳卒中とその要因】

| No | 脳卒中 | 肥満 | 飲酒 | 喫煙 | 血圧 |
|---|---|---|---|---|---|
| 1 | 0 | 1 | 0 | 0 | 0 |
| 2 | 0 | 0 | 0 | 0 | 0 |
| 3 | 1 | 1 | 1 | 1 | 1 |
| 4 | 1 | 1 | 0 | 1 | 1 |
| 5 | 1 | 0 | 1 | 1 | 1 |
| ⋮ | ⋮ | ⋮ | ⋮ | ⋮ | ⋮ |
| 60 | 0 | 1 | 1 | 0 | 0 |

このとき、知りたいことは、脳卒中に関連のある次の4つの要因

  肥満、飲酒、喫煙、血圧

の中で、脳卒中と一番関連の強い要因はどれなのか？　ということですな。

このようなとき、決定木という統計処理をおこなうと、次のような出力結果を見ることができるのです。

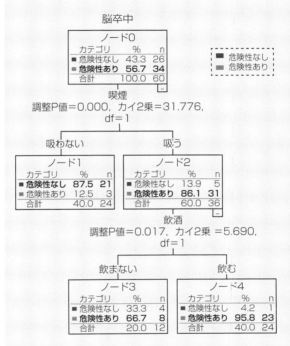

この図を見ると、脳卒中に最も関連のある危険要因は、喫煙であることがわかりますな。

そして、喫煙の下に飲酒が枝分かれしているので、喫煙の次に危険な要因は飲酒ということになります。

もちろん、喫煙をしながら飲酒をすれば、脳卒中のリスクはさらに高まるのです。

第3章 | ベイズ警部、関連性について考える

　ベイズ警部は、今回の殺人事件に、この決定木を応用してみようと考えた。そこで、殺人事件に関連のありそうな要因を

　　　　　性格、飲酒、性別、職業

として、データを収集し、再びモース教授をたずねた。

**【表3.6.2 ベイズ警部の収集したデータ】**

| No | 毒殺 | 性格 | 飲酒 | 性別 | 職業 |
| --- | --- | --- | --- | --- | --- |
| 1 | 1 | 0 | 0 | 0 | 0 |
| 2 | 0 | 0 | 0 | 0 | 1 |
| 3 | 0 | 0 | 0 | 0 | 1 |
| 4 | 0 | 0 | 0 | 0 | 1 |
| 5 | 0 | 0 | 0 | 0 | 1 |
| ⋮ | ⋮ | ⋮ | ⋮ | ⋮ | ⋮ |
| 67 | 0 | 1 | 0 | 1 | 0 |

　ワグネリアンのモース教授は、今日もワーグナーの曲を聞きながらラベルのないスコッチを飲んでいた。

　モース教授は、ベイズ警部のさし出したデータをしばらくながめていたが、パソコンの前にすわり、統計解析用ソフトSPSSをたち上げた。

　モース教授が上の表をもとにSPSSを使うと、たちどころに、次のような図が出来上がってきた。

　警部、気がつきましたかな？
　この出力結果はとても興味深いものですぞ。

60

3.6 決定木とはなんの木??

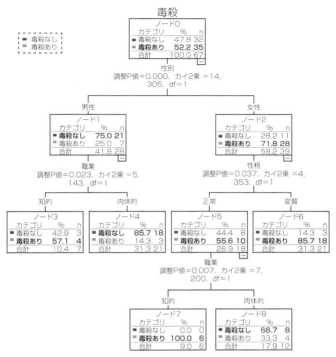

　この決定木を見ると、やはり毒殺と関連が強い要因は性別のようだ。
　つまり、この犯人は女性である可能性がますます強まったといえる。
　しかも、この決定木によると

　　　　　　毒殺→女性→正常→知的
つまり
　　　"性格は正常で知的職業についている女性"
という線上に犯人がいるのではないだろうか?

# 第4章

# ベイズ警部、予測確率を計算する

## 4.1 因果についての大考察

捜査が進展してよろこんだベイズ警部は、ゆうべはオックスフォードのパブ白馬（ホワイトホース）へモース教授とともにエールを飲みに向かった。その深酒のおかげで、ベイズ警部はますます灰色の脳細胞が澄み切った気分となっていた。

毒殺事件と犯人の性別との間に関連がありそうだとわかったベイズ警部は、いろいろな要因のもとで毒殺をする確率を計算したくなった。

ベイズ警部は、次のようなことを考えた。

> 人はどのような要因のもとで、毒殺をこころみるのだろうか？
> この世の中は
>
> 　　　　　　　"因果関係"
>
> で成り立っている。
> つまり、原因と結果を調べることにより、
> 　　"どのような要因のもと、毒殺をするのか？"
> という問題も解決できるのではないだろうか。

というのも、以前、ベイズ警部は
　　　　　"首なし美人妻殺人事件"
をみごと解決したときのことを思い出したのだった。

　この殺人事件では、被害者の首がないため、身元がわからず捜査が難航した。
　ところが、ベイズ警部は
　　　　"足の長さから被害者の身長を推測する"
ことに成功し、犯人を特定することができた。

　なぜ、足の長さから身長を推測することができたのだろうか？
　次の図を見ると、その理由がよくわかるだろう。

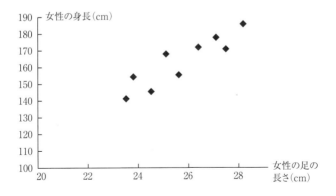

この図を
散布図
といいます。

つまり、足の長さと身長の間には
　　　　　　"右上がりの関係"
がある。
　したがって、次のような直線を描いてみれば、
　　　"足の長さから身長を予測することができる"
というわけである。

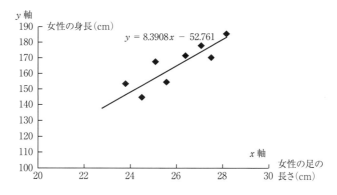

　つまり、
　　　　足の長さを原因 $x$、身長を結果 $y$
とすれば、

$$y = a + b \cdot x$$

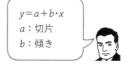

という直線の式により、$x$ の値から $y$ の値を計算することができるのだ。
　たとえば、足の長さが 25.5cm であれば、身長は
　　身長 $= -52.761 + 8.3908 \times 25.5 = 161.2$ cm
といった按配に……。

### ビッグフット事件

足跡から身長や体長を推定するという話で特に有名なのは、"アラスカのビッグフットの足跡"です。"ヒマラヤの雪男の足跡"も有名です。

**【表4.1.1 ビッグフットのデータ】**

| No | 足の長さ | 体長 |
| --- | --- | --- |
| 1 | 38 | 541 |
| 2 | 75 | 632 |
| 3 | 64 | 725 |
| 4 | 27 | 387 |
| 5 | 35 | 426 |
| 6 | 51 | 789 |
| 7 | 38 | 215 |
| 8 | 71 | 938 |
| 9 | 56 | 475 |
| 10 | 82 | 743 |

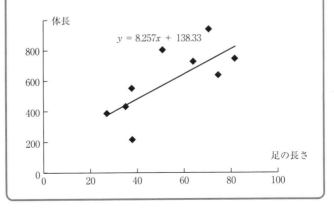

第4章 | ベイズ警部、予測確率を計算する

### 単回帰分析

単回帰分析とは

　　　2変数 $x$、$y$ のデータを収集する
　　　→　2変数 $x$、$y$ の散布図を描く
　　　　　→　2変数 $x$、$y$ の相関係数を求める
　　　　　　　→　2変数 $x$、$y$ の単回帰式を示す

といった手順の統計手法のことです。
　散布図は次ページで、相関係数はp.68で、単回帰式はp.70で説明します。

### 2変数x、yのデータ

　次の表のようなデータで、変数 $x$ が独立に値をとり、変数 $y$ のとる値がそれに従属して決まる場合、$x$ を**独立変数**といい、$y$ を**従属変数**といいます。

**【表4.1.2　2変数データ】**

| No | 変数 $x$ | 変数 $y$ |
|---|---|---|
| 1 | $x_1$ | $y_1$ |
| 2 | $x_2$ | $y_2$ |
| ⋮ | ⋮ | ⋮ |
| $N$ | $x_N$ | $y_N$ |

## 散布図

散布図とは、平面上に2変数 $x$ と $y$ のデータ $(x_i, y_i)$ をグラフで表現したものです。

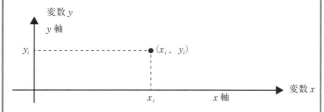

こうした散布図は、次の3つのタイプに分類できます。

- 正の相関
- 無相関
- 負の相関

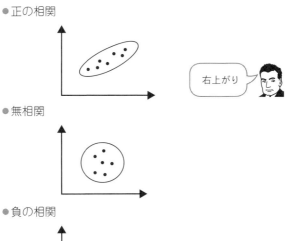

### 相関係数

相関係数とは、2変数 $x$、$y$ のデータの関係を数値で表現したものです。

2変数のデータを

**【表4.1.3 2変数データ】**

| No | 1 | 2 | ⋯ | $N$ | 平均値 |
|---|---|---|---|---|---|
| $x$ | $x_1$ | $x_2$ | ⋯ | $x_N$ | $\bar{x}$ |
| $y$ | $y_1$ | $y_2$ | ⋯ | $y_N$ | $\bar{y}$ |

とすると、相関係数 $r$ の定義式は、次のようになります。

$$r=\frac{(x_1-\bar{x})\times(y_1-\bar{y})+(x_2-\bar{x})\times(y_2-\bar{y})+\cdots+(x_N-\bar{x})\times(y_N-\bar{y})}{\sqrt{(x_1-\bar{x})^2+(x_2-\bar{x})^2+\cdots+(x_N-\bar{x})^2}\times\sqrt{(y_1-\bar{y})^2+(y_2-\bar{y})^2+\cdots+(y_N-\bar{y})^2}}$$

相関係数 $r$ は

$$-1 \leq r \leq 1$$

の間の値をとり、次のように言葉で表現します。

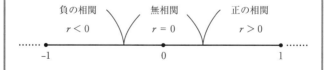

## 4.1 因果についての大考察

### Excelによる相関係数の求め方

相関係数の計算は難しそうに見えますが、表計算ソフトExcelを利用すればカンタンです。

Excelのシートに、

| | A | B | C |
|---|---|---|---|
| 3 | No | 足の長さ | 体長 |
| 4 | 1 | 38 | 541 |
| 5 | 2 | 75 | 632 |
| 6 | 3 | 64 | 725 |
| 7 | 4 | 27 | 387 |
| 8 | 5 | 35 | 426 |
| 9 | 6 | 51 | 789 |
| 10 | 7 | 38 | 215 |
| 11 | 8 | 71 | 938 |
| 12 | 9 | 56 | 475 |
| 13 | 10 | 82 | 743 |
| 16 | 相関係数 | 0.7255 | |

B16 セル: =CORREL(B4:B13,C4:C13)

上に示すようにデータを入力して、

$$=\text{CORREL}(x \text{ の範囲}, y \text{ の範囲})$$

というExcel関数を利用します。

Shall we Excel?

## 単回帰式とExcelの「分析ツール」

単回帰式とは、散布図の上に描かれた次のような1次式のことです。

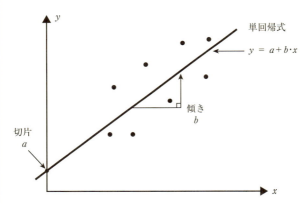

この単回帰式の切片や傾きは、

最小2乗法

を使って求めますが、計算はあまりカンタンではありません。Excelを利用してみましょう。

Excelの画面の上部の「データ」の中に、次のような「分析ツール」が用意されています。

データ　→　

4.1 因果についての大考察

そして、次のように、分析ツールの中の「回帰分析」を選択します。

あとは、次のように、
　　　　　「入力Y範囲」に　$y$ の範囲を
　　　　　「入力X範囲」に　$x$ の範囲を
入力するだけです。

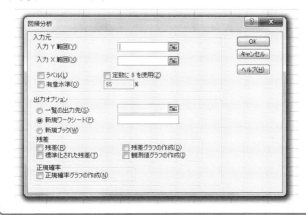

# 4.2 重回帰式でつまずく

しかし、今回の殺人事件では、毒殺という結果に対し、その原因となるものは、性別というたった1つの要因だけではない。

つまり、要因$x_1$がたった1つしかない**単回帰式**

$$y = a + b \cdot x_1$$

$$\boxed{毒殺} = a + b \times \boxed{性別}$$

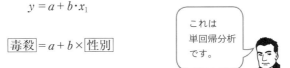

では、手におえないのだ。

そこで、……。

"いくつかの要因 $x_1, x_2, \cdots, x_p$ と結果 $y$ を結ぶもの"
つまり、次のような**重回帰式**が必要となる。

$$y = b_1 x_1 + b_2 x_2 + \cdots + b_p x_p + b_0$$

$$\boxed{結果} = b_1 \times \boxed{要因1} + b_2 \times \boxed{要因2} + \cdots + b_p \times \boxed{要因p} + 定数項$$

すると、要因として、何があるのだろうか？

今、犯罪をおこなう要因として考えているのは、
　　　　　　　性格、飲酒、性別、職業
などだ。
　したがって、この場合の重回帰式は、たとえば

$\boxed{\text{毒殺の確率}}$
$= b_1 \times \boxed{\text{性格}} + b_2 \times \boxed{\text{飲酒}} + b_3 \times \boxed{\text{性別}} + b_4 \times \boxed{\text{職業}} + \text{定数項}$

といったものになるだろう……。

　　　　だが、まてよ？

　重回帰式では、従属変数 $y$ の動く範囲は

$$-\infty < y < +\infty$$

だ。しかし、知りたいことは確率なのだから、

$$0 \leq 確率 \leq 1$$

でなければならない。
　ということは、確率を予測するには、
　　　　　　"重回帰式では役に立たない"
のか??

### 多変量解析

データに含まれる変数の数が多くなると、単回帰式が重回帰式になるように、統計処理も複雑になります。

**【表 4.2.1 多変量データ】**

| No | 変数1 | 変数2 | 変数3 | … | 変数p |
|---|---|---|---|---|---|
| 1 | $x_{11}$ | $x_{21}$ | $x_{31}$ | … | $x_{p1}$ |
| 2 | $x_{12}$ | $x_{22}$ | $x_{32}$ | … | $x_{p2}$ |
| ⋮ | ⋮ | ⋮ | ⋮ | ⋮ | ⋮ |
| N | $x_{1N}$ | $x_{2N}$ | $x_{3N}$ | … | $x_{pN}$ |

変数の数が多いときのデータ分析としては
　　　　　　多変量解析法
が有名です。

多変量解析法には、分析の目的によって

- 因果関係 ｛ 重回帰分析／ロジスティック回帰分析
- 統合的特性　主成分分析
- 共通要因　　因子分析
- 分類 ｛ 判別分析／クラスター分析

など、多くの手法が開発されています。

# 4.3 バーナビ教授によるロジスティック回帰式

確率を計算したいのだから、従属変数 $y$ の動く範囲は

$$0 \leq 従属変数\, y \leq 1$$

でなければならない。

この条件を満たすには、どのような回帰式を作ればいいのだろうか?

ベイズ警部は、思案投げ首だった。

ある日、ベイズ警部は耳よりな情報を得た。

ケンブリッジ大学に、バーナビ教授という変わり者で有名な応用心理数学者がいるらしい。

バーナビ教授は学生時代以来、ケンブリッジ大学で「犯罪と数理学」という変わったテーマの研究をおこなっている。

教授は、今やテレビの「犯罪ゴメンテイター」として活躍中だという。まちがったことを言っては謝るので、ゴメンテイターというあだ名がついた。

なんだか不安だが、このさい仕方がないな。

応用心理数学が専門のバーナビ教授なら、何か知っているかもしれない。

## 第4章 | ベイズ警部、予測確率を計算する

 ロンドンから北へ約90km、ケンブリッジ大学のバーナビ教授の研究室へとベイズ警部は車を走らせた。

> スコットランド・ヤードのベイズです。
> 犯罪捜査のため、あなたのお知恵を……。

> ベイズさん、あいさつはいいから、この図を見てくれたまえ！

 ベイズ警部の説明も聞かず、バーナビ教授は、黒板に次のような2つの図を描いた。

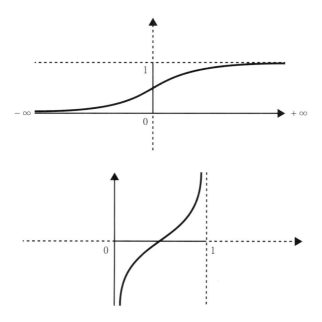

## 4.3 バーナビ教授によるロジスティック回帰式

せっかちで短気なバーナビ教授は言った。

ベイズさん、この2つの図はね、

　　　　ロジスティック変換とその逆変換

の図なのだよ。

重回帰式

$$y = b_1 x_1 + b_2 x_2 + \cdots + b_p x_p + b_0$$

の左辺を、$y$ の代わりに自然対数を使って

$$\log \frac{y}{1-y} = b_1 x_1 + b_2 x_2 + \cdots + b_p x_p + b_0$$

というふうに変えれば、ベイズさんの望む確率を求める式になる。この式を**ロジスティック回帰式**というのだよ。

お知恵に感謝します、教授。ですが、この自然対数を含む式は、どこからどうして出てきたのです？

ロジスティック回帰式を知らないって？　そうか、統計の初歩の初歩から説明しないとだめか？

ベイズ警部は、ノーベル賞受賞も間近いとうわさの高いこの学者とはあまり関わりたくないな……と思った。

## ロジスティック回帰式の性質

　ロジスティック回帰分析は多変量解析法の1つで、普通の重回帰式の代わりに、前ページのロジスティック回帰式をデータに当てはめるものです。医療統計などでも、よく応用されています。

　ロジスティック回帰式の特徴は、対数の性質によって、左辺に含まれる $y$ が0から1までの間の値をとるので、確率を表すのに適していることです。

　対数曲線 $y = \log x$ は、次のようなグラフです。

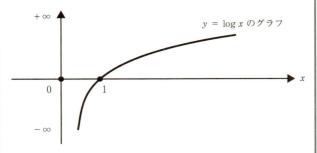

したがって、ロジスティック回帰式の場合、

　　$y$ を0に近づけると、　$\log\dfrac{y}{1-y}$ は $\log\dfrac{0}{1-0} = -\infty$ に

　　$y$ を0.5に近づけると、$\log\dfrac{y}{1-y}$ は $\log\dfrac{0.5}{1-0.5} = 0$ に

　　$y$ を1に近づけると、　$\log\dfrac{y}{1-y}$ は $\log\dfrac{1}{1-1} = +\infty$ に

なります。このことを逆に見れば

　　$\log\dfrac{y}{1-y}$ が $-\infty$ のときは、$y$ が0に

　　$\log\dfrac{y}{1-y}$ が 0 のときは、　$y$ が0.5に

　　$\log\dfrac{y}{1-y}$ が $+\infty$ のときは、$y$ が1に

> なります。つまり、ロジスティック回帰式によって$y$の範囲が
>
> $$0 \leq y \leq 1$$
>
> となり、確率の範囲と一致するというわけです。

　ベイズ警部には、別の疑問もあった。今回の事件は、毒物を飲み物に混入させる手口なのだから、毒殺と飲み物に関する嗜好も関係があるかもしれない。

　しかし、犯罪者に関するアーカイブの中に、犯罪者の嗜好品に関するデータなどあるのだろうか？

　ふと、その事を話題にしたところ……。

　どうやら学生時代の研究成果も必要なようだね。

　バーナビ教授は、学生時代の話を切り出した。

　教授は、学生時代以来、「犯罪と数理学」という変わったテーマの研究を続けている。

　学生時代に、重犯罪者を収容している米国のアルカトラズ刑務所で、殺人罪の囚人を対象に、犯罪と嗜好に関するアンケート調査をおこなったことがあるというのだ。

　肝心のアンケート調査票は、どうもどこかの警察署に寄贈してしまったらしく、すでにゆくえ不明だった。

　ケンブリッジ大学から戻ったベイズ警部は、スコットランド・ヤードの犯罪資料室をかたっぱしから調べてみた。

第4章｜ベイズ警部、予測確率を計算する

そしてついに、その不思議なアンケート調査票のたばをみつけ出した。

---

### 犯罪と嗜好に関するアンケート調査票

項目1． あなたの性別は？
　1. 男性　　2. 女性

項目2． あなたの犯罪は、次のどれですか？
　1. 刺殺　　2. 毒殺　　3. 銃殺　　4. 絞殺　　5. その他

項目3． あなたはタバコが好きですか？
　1. はい　　2. いいえ

項目4． あなたはお酒が好きですか？
　1. はい　　2. いいえ

項目5． あなたは紅茶が好きですか？
　1. はい　　2. いいえ

項目6． あなたはケーキが好きですか？
　1. はい　　2. いいえ

☆ご協力、ありがとうございました。

そこでベイズ警部は、このアンケート調査票をもとに、次のようなデータを作成した。

データの末尾には、ストン氏毒殺事件の容疑者、X氏、Y氏、Z氏のデータも入れてみた。

**【表4.3.1 犯罪と嗜好のデータ】**

| | No | 毒殺 | 性別 | タバコ | お酒 | 紅茶 | ケーキ |
|---|---|---|---|---|---|---|---|
| | 1 | 毒殺以外 | 女性 | 好き | 好き | 好き | 嫌い |
| | 2 | 毒殺 | 女性 | 好き | 嫌い | 嫌い | 好き |
| | 3 | 毒殺以外 | 男性 | 好き | 好き | 好き | 嫌い |
| | 4 | 毒殺以外 | 男性 | 好き | 嫌い | 嫌い | 嫌い |
| | 5 | 毒殺 | 女性 | 嫌い | 好き | 好き | 嫌い |
| | 6 | 毒殺 | 女性 | 好き | 好き | 好き | 好き |
| | 7 | 毒殺以外 | 女性 | 好き | 嫌い | 嫌い | 好き |
| | 8 | 毒殺以外 | 男性 | 嫌い | 好き | 好き | 嫌い |
| | 9 | 毒殺以外 | 男性 | 好き | 好き | 好き | 嫌い |
| | 10 | 毒殺 | 男性 | 嫌い | 好き | 好き | 嫌い |
| | ⋮ | ⋮ | ⋮ | ⋮ | ⋮ | ⋮ | ⋮ |
| | 45 | 毒殺 | 女性 | 嫌い | 好き | 好き | 好き |
| | 46 | 毒殺 | 女性 | 嫌い | 好き | 好き | 好き |
| | 47 | 毒殺 | 男性 | 嫌い | 好き | 好き | 嫌い |
| X氏→ | 48 | ? | 女性 | 好き | 好き | 好き | 嫌い |
| Y氏→ | 49 | ? | 男性 | 嫌い | 好き | 好き | 嫌い |
| Z氏→ | 50 | ? | 女性 | 嫌い | 嫌い | 嫌い | 好き |

## 4.4 ベイズ警部、毒殺の予測確率を計算する

ところで、ロジスティック回帰式が

$$\log \frac{y}{1-y} = b_1 x_1 + b_2 x_2 + \cdots + b_p x_p + b_0$$

になるのはいいとして、$b_1$ や $b_2$ の具体的な値は、どのようにして求めるのだろう？

困ったベイズ警部は、気は進まなかったが、もう一度ケンブリッジ大学のバーナビ教授に会いに行った。

バーナビ教授は、待っていたようにベイズ警部のデータを受け取ると、統計解析用ソフトSPSSをたち上げた。

そして、SPSSの「ロジスティック」の画面を見ながら、マウスで

　　　毒殺　　　を　従属変数のワクの中へ

　　　性別、
　　　タバコ、
　　　お酒、　　を　　共変量のワクの中へ
　　　紅茶、
　　　ケーキ

移動し、ロジスティック回帰分析を開始した。

4.4 ベイズ警部、毒殺の予測確率を計算する

しばらくすると、パソコンは次のような結果を出力した。

**【表4.4.1 統計量】**

| ステップ | −2対数尤度 | Cox-Snell R2乗 | Nagelkerke R2乗 |
|---|---|---|---|
| 1 | 36.204 | .458 | .611 |

**【表4.4.2 HosmerとLemeshowの検定】**

| ステップ | カイ2乗 | 自由度 | 有意確率 |
|---|---|---|---|
| 1 | 4.751 | 6 | .576 |

**【表4.4.3 クロス集計表】**

| 観測 | | | 予測 | | |
|---|---|---|---|---|---|
| | | | 毒殺 | | |
| | | | 毒殺以外 | 毒殺 | 正解の割合 |
| ステップ1 | 毒殺 | 毒殺以外 | 16 | 6 | 72.7 |
| | | 毒殺 | 3 | 22 | 88.0 |
| | 全体のパーセント | | | | 80.9 |

**【表4.4.4 方程式中の変数】**

| | | B | 標準誤差 | Wald | 自由度 | 有意確率 | Exp(B) |
|---|---|---|---|---|---|---|---|
| ステップ1 | 性別 | 3.280 | 1.208 | 7.368 | 1 | .007 | 26.569 |
| | タバコ | −1.710 | 1.111 | 2.369 | 1 | .124 | .181 |
| | お酒 | 2.663 | 1.263 | 4.441 | 1 | .035 | 14.336 |
| | 紅茶 | 2.032 | 1.140 | 3.179 | 1 | .075 | 7.632 |
| | ケーキ | 2.356 | 1.168 | 4.070 | 1 | .044 | 10.551 |
| | 定数 | −7.777 | 2.542 | 9.364 | 1 | .002 | .000 |

……???
何がなんだか
よくわからない表だな。

第4章 | ベイズ警部、予測確率を計算する

バーナビ教授はキザな眼鏡をなおしながら言った。

> ベイズさん、気がついたかね？ この出力結果はいいよ。とても当てはまりがいい。クールだ。

> 恐縮ですが、この表4.4.4をお見せいただいても、私にはまるでギリシャ語のようだ。
> 「有意確率」とは？ 「Wald」とはなんなのです？

バーナビ教授は、「これだから素人は……」といわんばかりに、出力の表の意味を説明しはじめた。

ベイズ警部はしんぼう強く聞いていたが、どうにか理解できたことを彼なりに整理すると、おおむね以下のようなことであった。

---

### 表4.4.4の見方

「B」の部分はロジスティック回帰式の係数です。
「Wald」の部分は検定統計量で、次の仮説を検定しています。

　　　　仮説$H_0$：　性別の回帰係数は0である。
　　　　仮説$H_0$：　タバコの回帰係数は0である。

「有意確率」の部分は、その検定統計量が棄却域に入っているかどうかを判定する値で、

　　　　有意確率≦0.05

のとき、検定統計量が棄却域に入り、仮説が棄却されます。

## 容疑者たちの毒殺の予測確率の計算

ベイズ警部は、パソコンを借りて毒殺をする確率を計算してみることにした。

バーナビ教授に教わった確率の計算方法は……。

● 容疑者X氏の毒殺予測確率

$$\log\frac{y}{1-y} = 3.280 \times \boxed{2} + (-1.710) \times \boxed{1} + 2.663 \times \boxed{1}$$
$$+ 2.032 \times \boxed{1} + 2.356 \times \boxed{0} + (-7.777)$$
$$= 1.768$$
$$\frac{y}{1-y} = e^{1.768}$$
$$= 5.8591$$
$$y = 0.854$$

$0 = \log 1$
$1 = e^0$

● 容疑者Y氏の毒殺予測確率

$$\log\frac{y}{1-y} = 3.280 \times \boxed{1} + (-1.710) \times \boxed{0} + 2.663 \times \boxed{1}$$
$$+ 2.032 \times \boxed{1} + 2.356 \times \boxed{0} + (-7.777)$$
$$= 0.198$$
$$y = 0.549$$

● 容疑者Z氏の毒殺予測確率

$$\log\frac{y}{1-y} = 3.280 \times \boxed{2} + (-1.710) \times \boxed{0} + 2.663 \times \boxed{0}$$
$$+ 2.032 \times \boxed{0} + 2.356 \times \boxed{1} + (-7.777)$$
$$= 1.139$$
$$y = 0.757$$

## 🔗 4.5 ニューラルネットワークによる頭痛

なんとか、3人の容疑者の毒殺予測確率を計算することができた。ベイズ警部は、丁重に礼を述べて、足早に帰ろうとした。

しかし、教授はニヤニヤしながら……。

> ベイズさん、予測確率を計算したいのなら、**ニューラルネットワーク**という手法もあるよ。
>
> 人間の脳の回路網をまねた高度な統計処理なんだが、今回の事件にひとつ、ためしてみないか？

### ニューラルネットワーク

ニューラルネットワークは、ニューロンと呼ばれる神経の動きをまねた数学モデルと考えられています。

ニューラルネットワークには、階層型などいくつかのタイプがありますが、基本は次の単純パーセプトロンです。

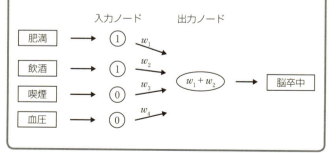

バーナビ教授はなぜか、しつように、話を続けた。

　　　ニューラルネットワークの理論は、難しいのだが、分析をするだけなら、少しも難しくはないんだ。
　　　そう、SPSSを使うならね。

と言いながら、ロジスティック回帰分析のときと同じデータをパソコンに入力すると、

　　　分析
　　　　→　ニューラルネットワーク
　　　　　→　多層パーセプトロン

を選択した。
　すると、たちどころに、次ページ以降のような出力結果がパソコンの画面に現れた。

ベイズ統計とニューラルネットワークは
深く関係していますが、これは難しいですね！
ここでは、SPSSでこんな処理もできるんだという
ことだけ理解していただいて、
あまり気にしないで、先の章に進んでください。
気にしない、気にしない。

**【表 4.5.1 度数とパーセント】**

|  | 度数 | パーセント |
|---|---|---|
| サンプル　学習 | 35 | 77.8% |
| 　　　　　テスト | 10 | 22.2% |
| 有効数 | 45 | 100.0% |
| 除外数 | 3 |  |
| 合計 | 48 |  |

**【表 4.5.2 各層の情報】**

| 入力層 | 共変量 | 1 | 性別 |
|---|---|---|---|
|  |  | 2 | タバコ |
|  |  | 3 | お酒 |
|  |  | 4 | 紅茶 |
|  |  | 5 | ケーキ |
|  | ユニット数 |  | 5 |
|  | 共変量の再調整方法 |  | 標準化 |
| 隠れ層 | 隠れ層の数 |  | 2 |
|  | 隠れ層1のユニット数 |  | 2 |
|  | 隠れ層2のユニット数 |  | 3 |
|  | 活性化関数 |  | S字曲線 |
| 出力層 | 従属変数 | 1 | 毒殺 |
|  | ユニット数 |  | 2 |
|  | 活性化関数 |  | S字曲線 |
|  | 誤差関数 |  | 平方和 |

4.5 ニューラルネットワークによる頭痛

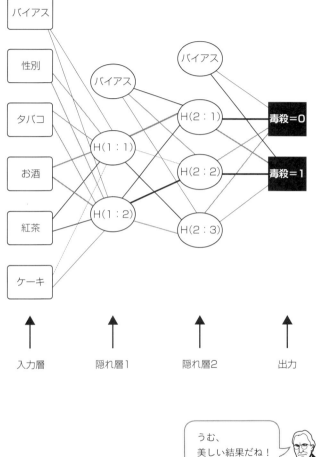

第4章 ベイズ警部、予測確率を計算する

**【表4.5.3 パス係数】**

| 予測値 | | 予測 隠れ層1 | | 予測 隠れ層2 | | | 予測 出力層 | |
|---|---|---|---|---|---|---|---|---|
| | | H(1:1) | H(1:2) | H(2:1) | H(2:2) | H(2:3) | [毒殺=0] | [毒殺=1] |
| 入力層 | (バイアス) | .935 | -.419 | | | | | |
| | 性別 | 6.453 | 5.589 | | | | | |
| | タバコ | 3.382 | 4.127 | | | | | |
| | お酒 | 4.906 | 4.905 | | | | | |
| | 紅茶 | -2.471 | -2.590 | | | | | |
| | ケーキ | .693 | -.311 | | | | | |
| 隠れ層1 | (バイアス) | | | -2.675 | .659 | -.022 | | |
| | H(1:1) | | | 11.198 | .740 | -3.964 | | |
| | H(1:2) | | | -3.916 | -5.764 | 2.441 | | |
| 隠れ層2 | (バイアス) | | | | | | 1.105 | -.929 |
| | H(2:1) | | | | | | -5.408 | 5.026 |
| | H(2:2) | | | | | | 4.803 | -4.605 |
| | H(2:3) | | | | | | 1.270 | -1.024 |

**【表4.5.4 クロス集計表】**

| サンプル | 観測 | 予測 毒殺以外 | 予測 毒殺 | 正解の割合 |
|---|---|---|---|---|
| 学習 | 毒殺以外 | 12 | 3 | 80.0% |
| | 毒殺 | 0 | 20 | 100.0% |
| | 全体の割合 | 34.3% | 65.7% | 91.4% |
| テスト | 毒殺以外 | 4 | 0 | 100.0% |
| | 毒殺 | 0 | 6 | 100.0% |
| | 全体の割合 | 40.0% | 60.0% | 100.0% |

## 4.5 ニューラルネットワークによる頭痛

バーナビ教授は、うっとりしながら話し続けた。

> 入力ノードと出力ノードの間に、隠れ層を2つ用意してみたんだ。このモデルはいろいろ変えることができて、実にクールさ……。
> もちろん、予測確率も計算できる！

英国人特有のがまん強さで話を聞いていたベイズ警部は、もうすでにうわのそらであった。

# 第 5 章

# ベイズ警部、原因の確率を計算する

## 5.1 古びた教会にたたずむ

　その後、ケンブリッジからもどったベイズ警部は、フクロウの鳴く田舎町ミッドスプリングスで、夜を徹して捜査の手がかりを探していた。

　いつしか、東の空が夜明けの光にほの白んでいた。

　だが、パズルの最後のピースだけが欠けたかのように、手がかりはようとして見つからなかった。

　途方に暮れたベイズ警部は、気がつくと、一棟の古びた教会の前にたたずんでいた。

5.1 古びた教会にたたずむ

　ベイズ警部は、この教会に見覚えはなかった。が……、不思議にも、どこかなつかしいような感慨を覚えた。

　教会は、もう何十年、もしかしたら何百年と管理されていない廃屋のようだった。

　ベイズ警部は、だれかに導かれるように、その教会に足を踏み入れた。

　東の空を輝かせる朝の光が、ステンドグラスのマリア像から、何かを指し示すように差し込んでいた。

# 第5章 | ベイズ警部、原因の確率を計算する

　ステンドグラスから差す光の先には、ほこりをかぶっている何かがあった。

　ベイズ警部は、注意深くそのほこりを払った。

　それは、おそらく18世紀頃の羊皮紙に書かれた古い記録だった。

---

その昔、この地ハルメンでネズミが大発生し、ペストが流行した。
そのときの幼児の死亡数について、次に記す。

|  | ペストで死亡した幼児の数 | ペスト以外で死亡した幼児の数 |
|---|---|---|
| 高熱が出た | 17人 | 6人 |
| 高熱が出なかった | 4人 | 8人 |

この記録を後世のために役立たせてほしい。
次の計算は、ある牧師の考えたタワゴトである…　　　*T. B.*

$$\frac{21}{35} \times \frac{17}{21} = \frac{17}{35} = \frac{23}{35} \times \frac{17}{23}$$

$$\frac{17}{21} = \frac{\frac{23}{35} \times \frac{17}{23}}{\frac{21}{35}}$$

$$\frac{17}{23} =$$

---

　　　　古文書か……。この "T. B." という署名は、いったい？

### ヨーロッパ中世―暗黒の時代―

14世紀、中国大陸で発生したペスト(黒死病)は、中央アジアを経由してイタリアに上陸。ペストにより、ヨーロッパでは人口の半数近くが死亡したといわれています。

17世紀から18世紀にかけてもペストは流行し、ニュートンは英国東部にあるウールスソープの田舎の生家に疎開していました。その間に、万有引力を思いついたといわれています。

### トーマス・ベイズ

トーマス・ベイズ(Thomas Bayes)。18世紀英国の長老派教会の牧師で、数学者。

- 1701年 長老派教会の牧師の子としてロンドンに出生。
- 1719年 エジンバラ大学に入学。論理学と神学を学ぶ。
- 1732年 ケント州タンブリッジ・ウェルズで牧師となる。
- 1736年 ニュートンの微積分法に関する数学論文を公刊。
- 1742年 王立協会フェローとなる。
- 1761年 59歳で死去。

遺稿「確率論の問題を解くための小論」が死後に公刊されました。この論文で提案された問題を、フランスの数学者ラプラスが1774年に解決し、その結果が後世「ベイズの定理」と呼ばれることになりました。

第 5 章 | ベイズ警部、原因の確率を計算する

## 5.2 古文書の発見と解読

この古文書の数式

$$\frac{21}{35} \times \frac{17}{21} = \frac{17}{35} = \frac{23}{35} \times \frac{17}{23}$$

をながめていたベイズ警部は、次のことに気づいた。

数式の17という数字は、表の左上の数字だ！

【表5.2.1 2×2クロス集計表】

|  | ペストで死亡した幼児の数 | ペスト以外で死亡した幼児の数 |
|---|---|---|
| 高熱が出た | 17 | 6 |
| 高熱が出なかった | 4 | 8 |

だが、残りの

21　　35　　23

は一体なんなんだ？

そこで、ベイズ警部は近くの静かなパブでエールを飲みながら考えることにした。

ベイズ警部は、エールを飲むと思考が論理的になると信じているのだった。

エールを一口飲むと、ベイズ警部は気がついた。

その昔、この地ハルメンでネズミが大発生し、ペストが流行した。
そのときの幼児の死亡数について、次に記す。

|  | ペストで死亡した幼児の数 | ペスト以外で死亡した幼児の数 |
|---|---|---|
| 高熱が出た | 17人 | 6人 |
| 高熱が出なかった | 4人 | 8人 |

この記録を後世のために役立たせてほしい。
次の計算は、ある牧師の考えたタワゴトである…　　*T. B.*

$$\frac{21}{35} \times \frac{\boxed{17}}{21} = \frac{17}{35} = \frac{23}{35} \times \frac{17}{23}$$

$$\frac{17}{21} = \frac{\frac{23}{35} \times \frac{17}{23}}{\frac{21}{35}}$$

$$\frac{17}{23} =$$

なんだ、21と23は2つの数字の合計なのか！

- $17 + 4 = 21$
- $17 + 6 = 23$

第 5 章 | ベイズ警部、原因の確率を計算する

そこで、ベイズ警部は次のような表を作成してみた。

古文書の数字の合計を計算してみると、次のようになるぞ！

**【表 5.2.2 2×2 クロス集計表】**

|  | ペストで死亡した幼児の数 | ペスト以外で死亡した幼児の数 | 合計 |
|---|---|---|---|
| 高熱が出た | 17 | 6 | 23 |
| 高熱が出なかった | 4 | 8 | 12 |
| 合計 | 21 | 14 | 35 |

つまり……

- 21 は 35 人のうちペストで死亡した幼児の数
- 23 は 35 人のうち高熱が出た幼児の数
- 17 は 35 人のうち

　　　　　ペストと高熱で死亡した幼児の数
- 35 は死亡した幼児のすべての数

ということだ！

その昔、この地ハルメンでネズミが大発生し、ペストが流行した。
そのときの幼児の死亡数について、次に記す。

|  | ペストで死亡した幼児の数 | ペスト以外で死亡した幼児の数 |
|---|---|---|
| 高熱が出た | 17 人 | 6 人 |
| 高熱が出なかった | 4 人 | 8 人 |

この記録を後世のために役立たせてほしい。
次の計算は、ある牧師の考えたタワゴトである… T. B.

$$\frac{21}{35} \times \frac{17}{21} = \frac{17}{35} = \frac{23}{35} \times \frac{17}{23}$$

$$\frac{17}{21} = \frac{\frac{23}{35} \times \frac{17}{23}}{\frac{21}{35}}$$

$$\frac{17}{23} =$$

### 2×2クロス集計表についての一言

|  | $A_1$ | $A_2$ |
|---|---|---|
| $B_1$ | $a$ | $b$ |
| $B_2$ | $c$ | $d$ |

このとき、

$$\frac{a}{a+c}$$

を感度といいます。

## 5.3 古文書のさらなる解読

それにしても、古文書のこの数式はなんだろうか?

$$\frac{21}{35} \times \frac{17}{21} = \frac{17}{35} = \frac{23}{35} \times \frac{17}{23}$$

この数式をながめていたベイズ警部は、次のことを思い出した。それは、ベイズ警部が高校生の頃に数学の授業で習ったことだった。

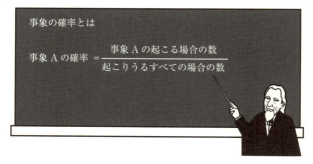

すると、古文書に書いてある $\frac{21}{35}$ という分数はなんだろうか?

- 21＝ペストで死亡した幼児の数
- 35＝死亡した幼児のすべての数

ということなのだから

その昔、この地ハルメンでネズミが大発生し、ペストが流行した。
そのときの幼児の死亡数について、次に記す。

|  | ペストで死亡した幼児の数 | ペスト以外で死亡した幼児の数 |
|---|---|---|
| 高熱が出た | 17人 | 6人 |
| 高熱が出なかった | 4人 | 8人 |

この記録を後世のために役立たせてほしい。
次の計算は、ある牧師の考えたタワゴトである… *T. B.*

$$\frac{21}{35} = \frac{\text{ペストで死亡した幼児の数}}{\text{死亡した幼児のすべての数}}$$

つまり、

$$\frac{21}{35} = \text{死亡した幼児のうち ペストで死亡した確率}$$

と考えることができるのではないか？

すると、

$$\frac{17}{21}$$

は一体なんのことか??

- 17＝ペストと高熱で死亡した幼児の数
- 21＝ペストで死亡した幼児の数

ということなので

$$\frac{17}{21} = \frac{\text{ペストにかかり高熱が出て死亡した幼児の数}}{\text{ペストにかかり死亡した幼児の数}}$$

＝ペストで死亡した幼児のうち
高熱が出た確率

ではないか?!

5.3 古文書のさらなる解読

その昔、この地ハルメンでネズミが大発生し、ペストが流行した。
そのときの幼児の死亡数について、次に記す。

|  | ペストで死亡した幼児の数 | ペスト以外で死亡した幼児の数 |
|---|---|---|
| 高熱が出た | 17人 | 6人 |
| 高熱が出なかった | 4人 | 8人 |

この記録を後世のために役立たせてほしい。
次の計算は、ある牧師の考えたタワゴトである…　T. B.

$$\frac{21}{35} \times \boxed{\frac{17}{21}} = \frac{17}{35} = \frac{23}{35} \times \frac{17}{23}$$

$$\frac{17}{21} = \frac{\frac{23}{35} \times \frac{17}{23}}{\frac{21}{35}}$$

$$\frac{17}{23} =$$

「ペストで死亡した幼児のうち」
というのが
　　　　　　条件
だね。

第 5 章 | ベイズ警部、原因の確率を計算する

では、数式の右側

$$\frac{23}{35} \times \frac{17}{23}$$

は一体なにを意味しているのだ？

この数式も

- 23 ＝高熱が出た幼児の数
- 35 ＝死亡した幼児のすべての数

なのだから、

$\frac{23}{35}$ ＝死亡した幼児のうち
　　　高熱が出た確率

$\frac{17}{23}$ ＝高熱が出た幼児のうち
　　　ペストで死亡した確率

という意味にとらえることができそうだ!!

その昔、この地ハルメンでネズミが大発生し、ペストが流行した。
そのときの幼児の死亡数について、次に記す。

|  | ペストで死亡<br>した幼児の数 | ペスト以外で<br>死亡した幼児の数 |
|---|---|---|
| 高熱が出た | 17人 | 6人 |
| 高熱が出なかった | 4人 | 8人 |

この記録を後世のために役立たせてほしい。
次の計算は、ある牧師の考えたタワゴトである…　　*T. B.*

$$\frac{21}{35} \times \frac{17}{21} = \frac{17}{35} = \boxed{\frac{23}{35} \times \frac{17}{23}}$$

$$\frac{17}{21} = \frac{\frac{23}{35} \times \frac{17}{23}}{\frac{21}{35}}$$

$$\frac{17}{23} =$$

すると、真ん中の式 $\frac{17}{35}$ は？

この式は

- 17＝ペストと高熱で死亡した幼児の数
- 35＝死亡した幼児のすべての数

なのだから

$$\frac{17}{35} = \text{ペストと高熱で死亡した幼児の確率}$$

となる。
　つまり、

> ペストと高熱で死亡した幼児の確率

は

> ペストで死亡した幼児の確率 × ペストで死亡した幼児のうち高熱が出た確率

と等しくなるし、

> 高熱が出た幼児の確率 × 高熱が出た幼児のうちペストで死亡した確率

## 5.3 古文書のさらなる解読

> その昔、この地ハルメンでネズミが大発生し、ペストが流行した。
> そのときの幼児の死亡数について、次に記す。
>
> |  | ペストで死亡した幼児の数 | ペスト以外で死亡した幼児の数 |
> |---|---|---|
> | 高熱が出た | 17人 | 6人 |
> | 高熱が出なかった | 4人 | 8人 |
>
> この記録を後世のために役立たせてほしい。
> 次の計算は、ある牧師の考えたタワゴトである…　　T. B.
>
> $$\frac{21}{35} \times \frac{17}{21} = \boxed{\frac{17}{35}} = \frac{23}{35} \times \frac{17}{23}$$
>
> $$\frac{17}{21} = \frac{\frac{23}{35} \times \frac{17}{23}}{\frac{21}{35}}$$
>
> $$\frac{17}{23} =$$

とも等しくなるというわけだ!!

でも、よく考えてみたら、この数式は……
　　　　　あたりまえだ……。

第 5 章 | ベイズ警部、原因の確率を計算する

# 👮 5.4 原因の確率？　結果の確率？

　薄明の田舎町ミッドスプリングスのパブでエールを飲んでいたベイズ警部は、少し酔っぱらってしまった。
　が……。
　灰色の脳細胞は２月の夜空のようにさえわたっていた。
　そのとき、

> 今、私は酔っぱらっている。これは
> 　　"エールを飲んだから酔っぱらった"
> のであって、
> 　　"酔っぱらったからエールを飲んだ"
> のではない。
> 　つまり、
> 　　"エールを飲む" というのは原因であって、
> 　　"酔っぱらう" というのはその結果なのだ。
> ということは？
> 　　　　　原因と結果……
> そうか！
> 　　"ペストにかかる" というのは原因で
> 　　その結果、"高熱が出る" のだ!!

　ベイズ警部の頭の中で、何かがチカチカッとひらめいたようだった。

## 5.4 原因の確率？　結果の確率？

表現を変えてみよう！

"高熱が出た幼児の中に
　　ペストにかかった幼児がいる"
⇓
"高熱が出たという結果があって、
　　その原因はペストである"

これは犯罪捜査に使えるぞ……。

つまり、犯罪というのは
- 殺人……結果
- 犯人……原因

という因果関係によって起きる出来事なのだから、

"☐ という殺人事件が起きたとき
　　　☐ が犯人である確率"

を計算することができれば……

"犯人をつきとめることができる"

と、ベイズ警部は考えた。

> "犯人が殺害行為をおこなった" という原因がなければ、
> "被害者が死亡した" という結果は発生しなかった。
> これを「あれなくばこれなしの関係」、
> ラテン語でconditio sine qua nonという。
> 犯罪とは因果関係によって起きる出来事なのだ。
> 警察学校の犯罪論の講義でベイズ君に教えたものだよ。

第 5 章 | ベイズ警部、原因の確率を計算する

# 🔗 5.5　ベイズ警部のルール—その1—

　暮れなずむ田舎町ミッドスプリングスの静かなパブで、エールを飲んでいたベイズ警部は、このパブの妖艶な女主人に言った。

　もう1杯、エールを。

　すると、ますます論理的になったベイズ警部は、古文書の数式を、もっと見やすくしたくなった。

ペストにかかる、高熱が出る、というのでは次第に頭の中がゴチャゴチャに……

　そこで、
　　●"ペストで死亡した"という出来事　を　A
　　●"高熱が出た"という出来事　　　　を　B
のように、記号を使って表現してみた。

　では、
　　●"ペスト以外で死亡した"という出来事
　　●"高熱が出なかった"という出来事
は、どのように記号で表現できるのか？

　3杯目のエールを飲んだとき、ベイズ警部はまたしても高校生のときの数学の授業を思い出した。

そのときの黒板には……

とあった。
そうだ！

- ペストで死亡したという出来事……A
- ペスト以外で死亡したという出来事……$\bar{A}$

- 高熱が出たという出来事……B
- 高熱が出なかったという出来事……$\bar{B}$

- ペストと
  高熱で死亡したという出来事……$A \cap B$

という記号で表そう！

つまり、集計表を次のように書き直すことになる。

**【表5.5.1 死者数の集計表】**

|  | ペストで死亡した幼児の数 | ペスト以外で死亡した幼児の数 | 合計 |
|---|---|---|---|
| 高熱が出た | 17 | 6 | 23 |
| 高熱が出なかった | 4 | 8 | 12 |
| 合計 | 21 | 14 | 35 |

↓

**【表5.5.2 2×2クロス集計表】**

|  | A | $\bar{A}$ | 合計 |
|---|---|---|---|
| B | 17 | 6 | 23 |
| $\bar{B}$ | 4 | 8 | 12 |
| 合計 | 21 | 14 | 35 |

すると、古文書の次の数式

$$\frac{21}{35} \times \frac{17}{21} = \frac{17}{35} = \frac{23}{35} \times \frac{17}{23}$$

は、どのように記号化されるのか？

ベイズ警部はまたしても、パブの女主人に注文した。

もっとエールを!!

確率は"Probability"だから、

- 出来事Aの起こる確率 $= Pr(A)$
- 出来事Bの起こる確率 $= Pr(B)$

という記号で表してみよう。

すると、

- $Pr(ペスト) = \dfrac{21}{35} = Pr(原因A)$
- $Pr(高熱) = \dfrac{23}{35} = Pr(結果B)$

となる。では、

$$\dfrac{17}{21} \quad と \quad \dfrac{17}{23}$$

はどうなるのだ？

これは

| ペストで死亡した幼児のうち高熱が出た確率 | と | 高熱が出た幼児のうちペストで死亡した確率 |

なのだから

- $Pr(高熱 \mid ペスト) = Pr(結果B \mid 原因A)$
- $Pr(ペスト \mid 高熱) = Pr(原因A \mid 結果B)$

と表すことにしよう。

これは条件の付いた確率だね！

つまり、古文書に書かれていたなぞの数式

$$\boxed{\dfrac{21}{35} \times \dfrac{17}{21} = \dfrac{23}{35} \times \dfrac{17}{23}}$$

は、

$$\boxed{\begin{array}{l} Pr(原因A) \times Pr(結果B \mid 原因A) \\ = Pr(結果B) \times Pr(原因A \mid 結果B) \end{array}}$$

となるのだから

$$Pr(結果B \mid 原因A) = \dfrac{Pr(結果B) \times Pr(原因A \mid 結果B)}{Pr(原因A)}$$

$$Pr(原因A \mid 結果B) = \dfrac{Pr(原因A) \times Pr(結果B \mid 原因A)}{Pr(結果B)}$$

となるぞ!!

つまり、この数式を利用すれば、

"結果がBとなるとき
その原因がAである確率を計算できる"

のだから

"殺人事件Bが起きたとき
その犯人がAである確率がわかる"

というわけだ。

つまり
事後の確率
だね!

## ベイズ警部のルール―その1―

**【表5.5.3 2×2クロス集計表】**

|   | 原因A | 原因Ā | 合計 |
|---|---|---|---|
| 結果B | $a$ | $b$ | $a+b$ |
| 結果B̄ | $c$ | $d$ | $c+d$ |
| 合計 | $a+c$ | $b+d$ | $a+b+c+d$ |

結果がBとなるときの原因がAである確率

$= Pr(原因A \mid 結果B)$

$= \dfrac{Pr(原因A) \times Pr(結果B \mid 原因A)}{Pr(結果B)}$

$= \dfrac{\dfrac{a+c}{a+b+c+d} \times \dfrac{a}{a+c}}{\dfrac{a+b}{a+b+c+d}}$

## 5.6 ベイズ警部のルール―その2―

しかし、ベイズ警部はここにきて、少し困ってしまった。というのは、今回の殺人事件で原因となる容疑者は、

X氏　　Y氏　　Z氏

の3人なのだ。つまり、次のような状況なのだ。

**【表5.6.1 2×3クロス集計表】**

|  | 原因$A_1$ | 原因$A_2$ | 原因$A_3$ |
|---|---|---|---|
| 結果B |  |  |  |
| 結果$\bar{B}$ |  |  |  |

そこで、ベイズ警部はパブで飲みながら

エール　　赤ワイン　　スコッチ

について考えてみた。このパブの女主人の話では、このパブに来るお客が注文するお酒の比率は

"エール60%　赤ワイン30%　スコッチ10%"

のようになっている、という経験則がある。

これを聞いたベイズ警部は、パブのお客に次のようなアンケート調査をお願いした。その結果が表5.6.2である。

---
項目 A. あなたは、どのお酒を注文しますか？
　　　1. エール　　2. 赤ワイン　　3. スコッチ
項目 B. あなたは、項目 A. で注文したお酒を飲むと酔っぱらいますか？
　　　1. はい　　2. いいえ

☆ご協力、ありがとうございました。
---

**【表5.6.2 2×3クロス集計表】**

|  | エール | 赤ワイン | スコッチ | 合計 |
|---|---|---|---|---|
| 酔っぱらう | 28人 | 9人 | 13人 | 50人 |
| 酔っぱらわない | 21人 | 16人 | 4人 | 41人 |
| 合計 | 49人 | 25人 | 17人 | 91人 |

つまり

- エール　を飲んで酔っぱらう確率 $= \dfrac{28}{49}$
- 赤ワインを飲んで酔っぱらう確率 $= \dfrac{9}{25}$
- スコッチを飲んで酔っぱらう確率 $= \dfrac{13}{17}$

となった。

### 表5.6.2についての注意

　表5.6.2で、エール、赤ワイン、スコッチを注文した人数は、91人のうちそれぞれ49人、25人、17人であり、
　"エール60%　赤ワイン30%　スコッチ10%"
の割合にはなっていません。

　パーセントの方は、女主人の今までの経験に基づく値です。それに対し、表5.6.2の人数は、ベイズ警部のおこなったアンケート結果の値です。

　したがって、それぞれの値は異なります。

　逆に、一致するとすれば、不自然ですね。

第 5 章 | ベイズ警部、原因の確率を計算する

そこで、酔っぱらったとき、そのお酒がエールである確率を計算してみよう。つまり、次の計算をすればよい。

$$Pr(エール|酔っぱらう) = \frac{Pr(エール) \times Pr(酔っぱらう|エール)}{Pr(酔っぱらう)}$$

$$= \frac{\boxed{60\%} \times \boxed{\dfrac{28}{49}}}{\boxed{?}}$$

だが……、この分母の $Pr(酔っぱらう)$ は、どうすればよいのか？

分母は "酔っぱらう確率" なのだから
- エール　で酔っぱらう
- 赤ワインで酔っぱらう
- スコッチで酔っぱらう

の3通りになる。

だから、
- エール　を飲む×エール　を飲んで酔っぱらう
- 赤ワインを飲む×赤ワインを飲んで酔っぱらう
- スコッチを飲む×スコッチを飲んで酔っぱらう

の合計だね。

このとき、

- エール　を飲む確率 = 60%
- 赤ワインを飲む確率 = 30%
- スコッチを飲む確率 = 10%

とすれば、"酔っぱらう確率" $Pr(酔っぱらう)$ は、……

$Pr(酔っぱらう)$
$= Pr(エール) \times Pr(酔っぱらう｜エール)$
$\quad + Pr(赤ワイン) \times Pr(酔っぱらう｜赤ワイン)$
$\quad + Pr(スコッチ) \times Pr(酔っぱらう｜スコッチ)$
$= \boxed{60\%} \times \boxed{\dfrac{28}{49}} + \boxed{30\%} \times \boxed{\dfrac{9}{25}} + \boxed{10\%} \times \boxed{\dfrac{13}{17}}$
$= \boxed{0.343} + \boxed{0.108} + \boxed{0.076}$
$= \boxed{0.527}$

となる。

つまり、"酔っぱらったとき、そのお酒がエールである確率" を知りたいなら、

$$Pr(エール｜酔っぱらう) = \frac{Pr(エール) \times Pr(酔っぱらう｜エール)}{Pr(酔っぱらう)}$$

$$= \frac{\boxed{60\%} \times \boxed{\dfrac{28}{49}}}{\boxed{0.527}}$$

$$= \boxed{0.651}$$

のように計算すればよいのだ！

次に、"酔っぱらったとき、そのお酒が赤ワインである確率" を計算してみよう。

$$Pr(赤ワイン｜酔っぱらう) = \frac{Pr(赤ワイン) \times Pr(酔っぱらう｜赤ワイン)}{Pr(酔っぱらう)}$$

$$= \frac{\boxed{30\%} \times \boxed{\dfrac{9}{25}}}{\boxed{0.527}}$$

$$= \boxed{0.205}$$

第 5 章 | ベイズ警部、原因の確率を計算する

最後に、"酔っぱらったとき、そのお酒がスコッチである確率"も計算しておこう。

$$Pr(スコッチ|酔っぱらう) = \frac{Pr(スコッチ) \times Pr(酔っぱらう|スコッチ)}{Pr(酔っぱらう)}$$

$$= \frac{\boxed{10\%} \times \boxed{\dfrac{13}{17}}}{\boxed{0.527}}$$

$$= \boxed{0.145}$$

### ベイズ警部のルール —その2—

**【表5.6.3 2×3クロス集計表】**

|   | 原因$A_1$ | 原因$A_2$ | 原因$A_3$ |
|---|---|---|---|
| 結果B | $a$ | $b$ | $c$ |
| 結果$\overline{B}$ | $d$ | $e$ | $f$ |

結果がBとなるときの原因が$A_1$である確率

$= Pr(原因A_1 \mid 結果B)$

$= \dfrac{Pr(原因A_1) \times Pr(結果B \mid 原因A_1)}{Pr(結果B)}$

$= \dfrac{\dfrac{a+d}{a+b+c+d+e+f} \times \dfrac{a}{a+d}}{\dfrac{a+b+c}{a+b+c+d+e+f}}$

# 5.7 確率で真犯人をつきとめる!?

ベイズ警部は、二日酔いの頭で考えた。
オープンガーデン殺人事件では、3人の容疑者
- 容疑者X氏
- 容疑者Y氏
- 容疑者Z氏

がいる。
ということは、

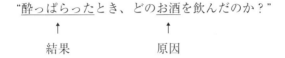

がわかるのであれば、

- エール　　→　容疑者X氏
- 赤ワイン　→　容疑者Y氏
- スコッチ　→　容疑者Z氏

のように対応させれば
　　　　"毒殺したのはどの容疑者なのか？"
をつきとめることができるのではないか!!

第 5 章 | ベイズ警部、原因の確率を計算する

###  パブの場合

"酔っぱらったとき
　　　　　その原因は◻︎を飲んだことによる確率"
を計算するためには、次の確率が必要だった。

### ◻︎のお酒を飲む

- パブでエール　を飲む確率 = $\boxed{60\%}$
- パブで赤ワインを飲む確率 = $\boxed{30\%}$
- パブでスコッチを飲む確率 = $\boxed{10\%}$

> これは事前の確率だね。

### ◻︎のお酒で酔っぱらう

- エール　を飲んで
　　　酔っぱらう確率 = $\dfrac{28}{49}$
- 赤ワインを飲んで
　　　酔っぱらう確率 = $\dfrac{9}{25}$
- スコッチを飲んで
　　　酔っぱらう確率 = $\dfrac{13}{17}$

> こっちは条件の付いた確率だ。
> 尤もらしさの程度だね。

##  オープンガーデン殺人事件の場合

"毒殺事件があったとき
　　　　　　その犯人は ☐ 氏である確率"
を計算するためには、次の確率が必要だ。

### ☐ 氏が殺意をいだく

- 容疑者X氏が殺意をいだいた確率＝ ?
- 容疑者Y氏が殺意をいだいた確率＝ ?
- 容疑者Z氏が殺意をいだいた確率＝ ?

### ☐ 氏が毒で殺害する

- 容疑者X氏が毒を使って
　　殺害する確率＝ ?
- 容疑者Y氏が毒を使って
　　殺害する確率＝ ?
- 容疑者Z氏が毒を使って
　　殺害する確率＝ ?

これは
いけるぞ！

第 5 章 | ベイズ警部、原因の確率を計算する

### ベイズ警部のルール―その3―

ベイズ警部のルールその1、その2の式で出現した分母 $Pr(B)$ は、

$$Pr(B) = Pr(A_1) \cdot Pr(B \mid A_1) \\ + Pr(A_2) \cdot Pr(B \mid A_2) \\ + Pr(A_3) \cdot Pr(B \mid A_3)$$

となります。
したがって、

$Pr(原因A_1 \mid 結果B)$

$= \dfrac{Pr(A_1) \times Pr(B \mid A_1)}{Pr(B)}$

$= \dfrac{Pr(A_1) \times Pr(B \mid A_1)}{Pr(A_1) \times Pr(B \mid A_1) + Pr(A_2) \times Pr(B \mid A_2) + Pr(A_3) \times Pr(B \mid A_3)}$

のように表現できます。

##  殺意をいだいた確率を設定する

このとき、ベイズ警部はフロスト教授から学んだプロファイリングのことを思い出した。

3人の容疑者が
"被害者ストン氏とトラブルを起こした回数"
を調べて、表にまとめたところ、次のようになった。

【表5.7.1 トラブルの回数】

|  | 容疑者X氏 | 容疑者Y氏 | 容疑者Z氏 | 合計 |
|---|---|---|---|---|
| 回数 | 9回 | 5回 | 3回 | 17回 |

そこで、ベイズ警部は、3人の容疑者が
"殺意をいだいた確率"
を次のように設定することにした。

【表5.7.2 殺意の確率】

|  | 容疑者X氏 | 容疑者Y氏 | 容疑者Z氏 |
|---|---|---|---|
| 殺意の確率 | $\frac{9}{17}=0.529$ | $\frac{5}{17}=0.294$ | $\frac{3}{17}=0.176$ |

これは事前の確率だね。

第 5 章 | ベイズ警部、原因の確率を計算する

###  毒を使って殺害する確率を設定する

さらに、ベイズ警部は、バーナビ教授から聞いた、ロジスティック回帰分析の予測確率も思い出した。

ロジスティック回帰分析による3人の容疑者の毒を使って殺害する確率は……

- 容疑者X氏が毒を使って殺害する確率
  = $\boxed{0.854}$

- 容疑者Y氏が毒を使って殺害する確率
  = $\boxed{0.549}$

- 容疑者Z氏が毒を使って殺害する確率
  = $\boxed{0.757}$

これは尤もらしさの程度だね。

どうやら、これですべてのねたは上がったようだな。
あとは、計算あるのみだ。

以上のことから、
　　　容疑者X氏　　容疑者Y氏　　容疑者Z氏
のそれぞれが、ストン氏の毒殺犯である確率は、次のように計算することができる……。

##  容疑者☐☐☐氏が毒殺犯である確率の求め方

- $Pr(容疑者X\,|\,毒殺) = \dfrac{Pr(容疑者Xの殺意) \times Pr(容疑者Xが毒殺\,|\,容疑者Xの殺意)}{Pr(毒殺)}$

$$= \dfrac{\boxed{0.529} \times \boxed{0.854}}{\boxed{0.529} \times \boxed{0.854} + \boxed{0.294} \times \boxed{0.549} + \boxed{0.176} \times \boxed{0.757}}$$

$$= \dfrac{\boxed{0.452}}{\boxed{0.452} + \boxed{0.161} + \boxed{0.133}}$$

$$= \dfrac{\boxed{0.452}}{\boxed{0.746}}$$

$$= \boxed{0.606}$$

- $Pr(容疑者Y\,|\,毒殺) = \dfrac{Pr(容疑者Yの殺意) \times Pr(容疑者Yが毒殺\,|\,容疑者Yの殺意)}{Pr(毒殺)}$

$$= \dfrac{\boxed{0.294} \times \boxed{0.549}}{\boxed{0.529} \times \boxed{0.854} + \boxed{0.294} \times \boxed{0.549} + \boxed{0.176} \times \boxed{0.757}}$$

$$= \dfrac{\boxed{0.161}}{\boxed{0.452} + \boxed{0.161} + \boxed{0.133}}$$

$$= \dfrac{\boxed{0.161}}{\boxed{0.746}}$$

$$= \boxed{0.216}$$

- $Pr(容疑者Z\,|\,毒殺) = \dfrac{Pr(容疑者Zの殺意) \times Pr(容疑者Zが毒殺\,|\,容疑者Zの殺意)}{Pr(毒殺)}$

$$= \dfrac{\boxed{0.176} \times \boxed{0.757}}{\boxed{0.529} \times \boxed{0.854} + \boxed{0.294} \times \boxed{0.549} + \boxed{0.176} \times \boxed{0.757}}$$

$$= \dfrac{\boxed{0.133}}{\boxed{0.452} + \boxed{0.161} + \boxed{0.133}}$$

$$= \dfrac{\boxed{0.133}}{\boxed{0.746}}$$

$$= \boxed{0.178}$$

第 5 章 | ベイズ警部、原因の確率を計算する

以上のことから、ベイズ警部は確信した。

> これだ！
> この中で、もっとも確率の高い容疑者を洗え！
> 必ずホシを挙げるぞ！

と、ベイズ警部は捜査員たちに命じたのだった。

スコットランド・ヤード殺人課の捜査員たちは、総力をあげて容疑者宅へと急行した……。

---

**確率の意味**

「確率」という言葉は日常よく使われる言葉である。例えば、「明日雨が降る確率は80％である」とかいうように。しかし、こういった表現の多くが、何を意味しているのかは、漠然と感じはつかめるが、正確にその意味を把握するのは難しい。

参考文献：伊藤雄二著『確率論』（朝倉書店）

## 5.8 エピローグ

しかし、その後の捜査は難航した。
なんと、……。その容疑者には、完璧なアリバイがあったのだ!!
何か、見落としていることはないのだろうか？

殺人現場にもどったベイズ警部は、庭のすみにある野鳥の巣箱を見つけた。庭で野鳥を眺めていたベイズ警部は、今は野鳥の繁殖期なのに、野鳥がこの巣箱を利用していないことに、ふと気がついた。
その巣箱を覗いてみると、ビデオカメラが入っていた。
ベイズ警部は、カメラの映像の解析をこころみた。
ミッドスプリングスのオープンガーデンの日には、オックスフォードやケンブリッジからも多くの見物人がミッドスプリングスを訪れる。
そこに映っていたものは……。

> や、や、や……。
> 手がかりはつねに目の前にあったのか！

ベイズ警部は、ただちにロンドンから北へ90km、ケンブリッジ大学へ捜査員とともに向かった。
身柄を拘束された真犯人は、不敵な笑みを浮かべながら、あっけなく自供を始めた。

第 5 章 | ベイズ警部、原因の確率を計算する

> ベイズさん、あんたは見落としていたのさ。
> 表2.1.1にあった10%の可能性、「その他」をね。
> ストンとかいう男は同じ大学の同僚だったのだが、ほとんど面識はなかった。それが彼のオープンガーデンに立ち寄ったところ、数学の話になり、今までだれも気づかなかった私のノーベル賞級の論文のミスを彼に指摘されたのだよ。それも修正不可能な致命的なミスをね！
> これはまさに「ゆきずりの殺人」だったのだよ。
> そうそう、あのロジスティック回帰分析の式、あれは完璧に正しいはずだ。前提が誤っている点を除けばね。

その夜、テムズ河畔にある古風なパブで……。
ベイズ警部は、ひとり、エールを飲みながら思った。
　　「確率とは、一体、なんだったのか？」

彼は、５杯目のエールを飲みながら、
　　　　"確率という摩訶不思議な概念"
について勉強しなくては……と思いをめぐらすのだった。

> アンケート調査をしても、
> "隠れ層"は分析結果に現れにくい。
> 2016年の米国の大統領選挙で、
> 世論調査による予想を裏切って勝利した、
> トランプ氏のような例もあることだし……。

# 第 II 部

# 数学編

# 第6章

# ベイズの定理を理解する

## 6.1 確率の定義―ベイズの定理への道―

ベイズの定理のポイントは、
"原因の確率"
を考えることだといわれています。

ふつう、確率という言葉は、
"明日の降水確率"
のように、これから起こる出来事についての予測のことをいいます。

したがって、原因と結果という言葉を使えば
"結果を予測する確率"
というのが一般的な使われ方です。

それに対し、犯罪の場合に知りたいのは、
"□□という結果が起きたとき
　　　その原因は□□である"
ということなので、ベイズの定理は、犯罪捜査に適した確率の考え方といえます。

まずは
"確率とは一体何か？"
といったところから、考えてゆきましょう。

確率の定義を、いろいろな教科書で調べてみましょう。

#### 確率の定義―その1―

ある実験で起こりうる場合が何通りかあるとき、そのうちのあることがらの起こりやすさを表す数を、そのことがらの起こる**確率**という。

#### 確率の定義―その2―

あることがらの起こることが期待されている程度を表す数を、そのことがらの起こる**確率**という。

#### 確率の定義―その3―

多数回の実験の結果、あることがらの起こる割合が一定の値に近づくとき、その数値でことがらの起こりやすさを表現することができる。このように、あることがらの起こりやすさの程度を表現する数を、そのことがらの起こる**確率**という。

#### 確率の定義―その4―

結果が偶然に左右される実験や観察をおこなうとき、あることがらが起こると期待される程度を数で表したものを、そのことがらの起こる**確率**という。

ところが、このような言葉による説明だけでは、なんとなく、よくわかりません。

このようなときは、具体例で考えることにしましょう。

第6章 | ベイズの定理を理解する

そこで、3番目の確率の定義

> "多数回の実験の結果、あることがらの起こる割合が
> 一定の値に近づく"

に注目してみましょう。

確率といえば、サイコロの実験です。

- 多数回の実験……… サイコロを何度も振る

- あることがら……
  - ⚀ が出る
  - ⚁ が出る
  - ⚂ が出る
  - ⚃ が出る
  - ⚄ が出る
  - ⚅ が出る

これが事象だよ

- あることがらの
  起こる割合………
  - ⚀ が出る割合
  - ⚁ が出る割合
  - ⚂ が出る割合
  - ⚃ が出る割合
  - ⚄ が出る割合
  - ⚅ が出る割合

これが事象の確率

すると、

"一定の値に近づく"

とは、なんでしょうか?

次のデータは、サイコロを振った回数とそのとき1の目が出た回数を調べた結果です。

【表6.1.1 1の目が出た回数】

| 回数 | 10 | 20 | 30 | 40 | 50 | 60 | 70 | 80 | 90 | 100 |
|---|---|---|---|---|---|---|---|---|---|---|
| 1の目 | 1 | 5 | 6 | 9 | 8 | 14 | 15 | 10 | 17 | 11 |
| 比率 | 0.100 | 0.250 | 0.200 | 0.225 | 0.160 | 0.233 | 0.214 | 0.125 | 0.189 | 0.110 |

| 回数 | 200 | 300 | 400 | 500 | 600 | 700 | 800 | 900 | 1000 |
|---|---|---|---|---|---|---|---|---|---|
| 1の目 | 18 | 50 | 64 | 75 | 110 | 113 | 137 | 161 | 175 |
| 比率 | 0.090 | 0.167 | 0.160 | 0.150 | 0.183 | 0.161 | 0.171 | 0.179 | 0.175 |

| 回数 | 2000 | 3000 | 4000 | 5000 | 6000 | 7000 | 8000 | 9000 | 10000 |
|---|---|---|---|---|---|---|---|---|---|
| 1の目 | 331 | 470 | 658 | 887 | 1002 | 1206 | 1333 | 1576 | 1669 |
| 比率 | 0.166 | 0.157 | 0.165 | 0.177 | 0.167 | 0.172 | 0.167 | 0.175 | 0.167 |

この1の目が出た比率を折れ線グラフに描いてみると、

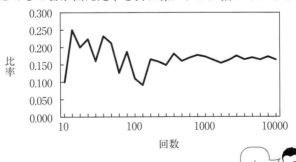

となります。このグラフを見ると、1の目が出た比率は、"次第に一定の値に近づいている"ことがわかります。

第 6 章 | ベイズの定理を理解する

したがって、確率の定義は次のようになります。

> **多数回の実験に基づいた確率の定義**
>
> 多数回の実験の結果、あることがらAの起こる比率がある一定の値に近づくとき、その値をことがらAが起こる**確率**という。

この文章をわかりやすく区切ってみると……

> 多数回の実験の結果、
> 　　あることがらAの起こる比率が
> 　　　　ある一定の値に近づくとき、
> その値を
> 　　"ことがらAが起こる**確率**"
> という。

この文章をイラスト風にしてみると……

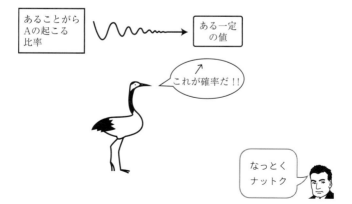

136

6.1 確率の定義―ベイズの定理への道―

この確率はどのように計算するのでしょうか?

**確率の求め方**

起こりうるすべてのことがらが $n$ 通りで
"そのどのことがらが起こることも
同程度に確からしい"
とする。
このとき、ことがらAが起こる場合が $a$ 通りとすると
ことがらAの起こる確率 $=\dfrac{a}{n}$
のように計算する。

例えば、サイコロを10000回振ってみると、次のような目が出ました。

【表6.1.2 出た目の回数】

| 起こりうることがら | 1の目 | 2の目 | 3の目 | 4の目 | 5の目 | 6の目 | 合計 |
|---|---|---|---|---|---|---|---|
| 回数 | 1669 | 1725 | 1609 | 1661 | 1677 | 1659 | 10000 |

したがって、どの目の回数もほぼ同じなので

$$⦁ が出る確率 = \dfrac{1}{6}$$
$$⦂ が出る確率 = \dfrac{1}{6}$$
$$⦙ が出る確率 = \dfrac{1}{6}$$
$$⦚ が出る確率 = \dfrac{1}{6}$$
$$⦛ が出る確率 = \dfrac{1}{6}$$
$$⦜ が出る確率 = \dfrac{1}{6}$$

としてよさそうです。

ところで、確率は中学校や高校で学びます。

中学校で確率を学ぶときには
　　　　　　　中学生に適した言葉の表現を
高校で確率を学ぶときには
　　　　　　　高校生に適した言葉の表現を
こころがけて、教科書は作られています。

したがって、
　　　● 中学生のころは　"ある出来事"
　　　● 高校生になると　"事象"
のように、言葉の表現も専門的になります。

> ### 試行と事象の定義
>
> 　同じ条件のもとで何度もくり返すことのできる実験や観測・観察をおこなうことを
>
> **試行**
>
> といい、試行の結果として起こることを
>
> **事象**
>
> という。

この事象は、次のようにいろいろな種類があります。

6.1 確率の定義―ベイズの定理への道―

##  事象の種類 ── その1

■全事象

　　起こりうる結果全体の集合で表される事象を

**全事象**

という。

■根元事象

　　全事象$\Omega$のひとつの要素からなる事象を

**根元事象**

という。

*(吹き出し: 全事象 オメガ $\Omega$)*

##  具体例 ── その1

■全事象の例

$$\{⚀, ⚁, ⚂, ⚃, ⚄, ⚅\}$$

■根元事象の例

$$\{⚀\}, \{⚁\}, \{⚂\}, \{⚃\}, \{⚄\}, \{⚅\}$$

## 事象の種類 —— その2

■空事象

空集合∅で表される事象を

**空事象**

という。

(空集合 ∅ なにも含まない集合)

■和事象

2つの事象A、Bについて、事象Aまたは事象Bが起こる事象を

事象Aと事象Bの**和事象**

といい、

$$A \cup B$$

で表す。

■積事象

2つの事象A、Bについて、事象Aと事象Bが共に起こる事象を

事象Aと事象Bの**積事象**

といい、

$$A \cap B$$

で表す。

■排反事象

2つの事象A、Bが同時に起こることがないとき

"事象Aと事象Bは互いに**排反**である"

という。

## 具体例 — その2

■空事象の例

空だから
なにもない
のだね！

■和事象の例
　　事象A……偶数の目　　{⚁, ⚃, ⚅}
　　事象B……3の倍数の目　{⚂, ⚅}

$$A \cup B = \{⚁, ⚂, ⚃, ⚅\}$$

■積事象の例
　　事象A……偶数の目　　{⚁, ⚃, ⚅}
　　事象B……3の倍数の目　{⚂, ⚅}

$$A \cap B = \{⚅\}$$

■排反事象の例
　　事象A……偶数の目　{⚁, ⚃, ⚅}
　　事象B……奇数の目　{⚀, ⚂, ⚄}

第6章 | ベイズの定理を理解する

## ✒ 事象の種類 ── その3

■余事象

事象Aに対して、事象Aが起こらないという事象を

事象Aの**余事象**

といい、

$$\bar{A}$$

で表す。

## ✒ 事象の確率

どの根元事象が起こることも同じ程度に期待できるとき、

　　"これらの根元事象は同様に確からしい"

といい、

$$事象Aの確率 = \frac{事象Aの起こる場合の数}{起こりうるすべての場合の数}$$

と定義する。

事象Aの確率を

$$Pr(A)$$

で表す。

**P**robability
の $Pr$ だね。

## 具体例 ── その3

■余事象の例

事象A……2の倍数　{⚁, ⚃, ⚅}

事象Aの余事象　　{⚀, ⚂, ⚄}

## 事象の確率の例

サイコロの根元事象

{⚀}, {⚁}, {⚂}, {⚃}, {⚄}, {⚅}

根元事象の確率

$Pr(⚀) = \dfrac{1}{6}$

$Pr(⚁) = \dfrac{1}{6}$

$Pr(⚂) = \dfrac{1}{6}$

$Pr(⚃) = \dfrac{1}{6}$

$Pr(⚄) = \dfrac{1}{6}$

$Pr(⚅) = \dfrac{1}{6}$

どの目が出るのも同程度のサイコロの場合。

第 6 章 | ベイズの定理を理解する

大学で習う確率は、次のようになります。

### 大学数学での確率の定義

$(\Omega, \mathcal{F})$ を可測空間とするとき、$\mathcal{F}$ を定義域とする実数値関数 $Pr$ が次の性質を満たすならば、$Pr$ は $(\Omega, \mathcal{F})$ 上の**確率**という。

(a) $0 \leq Pr(A) \leq 1$、$^{\forall}A \in \mathcal{F}$
(b) $Pr(\Omega) = 1$
(c) $\{A_n\}$ が互いに素な $\mathcal{F}$ の元の列であれば、すなわち、

$$A_n \in \mathcal{F},\ ^{\forall}n \geq 1,\ A_n \cap A_k = \emptyset,\ n \neq k$$

ならば、

$$Pr\left(\bigcup_{n=1}^{\infty} A_n\right) = \sum_{n=1}^{\infty} Pr(A_n)$$

大学で習う確率論のすぐれた教科書を書いている伊藤一刀斎、もとい、伊藤雄二先生は、次のように指摘しています。

> 実際何をもって、確率の正確な定義とすべきかという問題は、昔から盛んに議論が行われ、今日でも諸学者の間で意見の一致が得られているとはいい難い。
> （伊藤雄二著『確率論』朝倉書店より）

## 🖋 確率の基本性質

<u>性質1.</u>　どのような事象Aに対しても　$0 \leq Pr(A) \leq 1$
<u>性質2.</u>　全事象$\Omega$について　$Pr(\Omega) = 1$
<u>性質3.</u>　空事象$\emptyset$について　$Pr(\emptyset) = 0$
<u>性質4.</u>　事象Aと事象Bが互いに排反であるとき
$$Pr(A \cup B) = Pr(A) + Pr(B)$$

## 🖋 独立な事象の確率

2つの事象A、Bの結果が互いに他に影響を及ぼさないとき、

"2つの事象A、Bは互いに**独立**である"

といい、次の式が成り立つ。

$$\boxed{Pr(A \cap B) = Pr(A) \times Pr(B)}$$

## 🖋 条件付確率

2つの事象A、Bについて

$$\frac{\text{事象Aと事象Bが同時に起こる回数}}{\text{事象Aが起こる回数}}$$

を、

"事象Aが起こったという条件のもとで
　　　　事象Bが起こる**条件付確率**"

といい、この条件付確率を

$$Pr(B \mid A)$$

と表す。

$$\boxed{Pr(B \mid A) = \frac{n(A \cap B)}{n(A)}}$$

##  独立な事象の具体例

子供の数が3人の家庭で、

- 事象A……女の子と男の子がいる
- 事象B……少なくとも男の子が2人いる

という事象を考えます。

このとき、

$$Pr(\text{A}) = \frac{6}{8} \qquad Pr(\text{B}) = \frac{4}{8} \qquad Pr(\text{A} \cap \text{B}) = \frac{3}{8}$$

となります。このことは下の図を見るとよくわかります。

したがって、

$$Pr(\text{A} \cap \text{B}) = Pr(\text{A}) \times Pr(\text{B})$$
$$\vdots \qquad \vdots \qquad \vdots$$
$$\frac{3}{8} \quad = \quad \frac{6}{8} \quad \times \quad \frac{4}{8}$$

が成り立ちます。

## 条件付確率の具体例

次のようなスイーツのメニューがあるとします。

❈ スイーツ ❈

| | | |
|---|---|---|
| 苺のショートケーキ | ヨーグルトムース | 苺ミルクパウンドケーキ |
| ブルーベリージェラート | カスタードプリン | クッキーシュー |
| 抹茶のロールケーキ | 白玉入りあずきムース | まるごと苺のせミルクパフェ |
| チョコレートケーキ | 苺ゼリー ミント風味 | ヨーグルトプリン |
| マチドニアケーキ | プロフィテロールケーキ | |

ケーキ（= A）を頼んだとき、そのケーキに苺（= B）がのっている条件付確率を求めましょう。記号 $n(A)$ で集合 A に含まれる元の個数（ここではケーキの種類の数）を表すことにすると、

$$n(A) = 6$$
$$n(A \cap B) = 2$$

となるので、求める条件付確率は、

$$Pr(B \mid A) = \frac{n(A \cap B)}{n(A)} = \frac{2}{6}$$

となります。

> ケーキは6種類なので
> $n(A) = 6$
> 苺がのっているケーキは2種類なので
> $n(A \cap B) = 2$
> だね。

## 6.2 ベイズの定理

ベイズの定理は、次の乗法公式が出発点となります。

**乗法公式**

2つの事象A、Bについて

$$Pr(A \mid B) \times Pr(B) = Pr(A \cap B) = Pr(B \mid A) \times Pr(A)$$

が成り立つ。

この乗法公式は、p.94以降の古文書のところで登場した次の数式のことです。

おぼえているかな？

【表6.2.1 2×2クロス集計表】

|  | A | $\bar{A}$ | 合計 |
|---|---|---|---|
| B | 17 | 6 | 23 |
| $\bar{B}$ | 4 | 8 | 12 |
| 合計 | 21 | 14 | 35 |

$$\boxed{\frac{17}{21}} \times \boxed{\frac{21}{35}} = \frac{17}{35} = \boxed{\frac{17}{23}} \times \boxed{\frac{23}{35}}$$

$$\boxed{Pr(B \mid A)} \times \boxed{Pr(A)} = Pr(A \cap B) = \boxed{Pr(A \mid B)} \times \boxed{Pr(B)}$$

このとき

$$\frac{23}{35} = \frac{17}{21} \times \frac{21}{35} + \frac{6}{14} \times \frac{14}{35}$$

つまり、

$$Pr(\mathrm{B}) = Pr(\mathrm{B} \mid \mathrm{A}) \times Pr(\mathrm{A}) + Pr(\mathrm{B} \mid \bar{\mathrm{A}}) \times Pr(\bar{\mathrm{A}})$$

なので、

$$Pr(\mathrm{A} \mid \mathrm{B}) = \frac{Pr(\mathrm{B} \mid \mathrm{A}) \times Pr(\mathrm{A})}{Pr(\mathrm{B})}$$
$$= \frac{Pr(\mathrm{B} \mid \mathrm{A}) \times Pr(\mathrm{A})}{Pr(\mathrm{B} \mid \mathrm{A}) \times Pr(\mathrm{A}) + Pr(\mathrm{B} \mid \bar{\mathrm{A}}) \times Pr(\bar{\mathrm{A}})}$$

となります。

この式が、最も単純なベイズの定理です。

---

**ベイズの定理―その1―**

$$Pr(\mathrm{A} \mid \mathrm{B}) = \frac{Pr(\mathrm{B} \mid \mathrm{A}) \times Pr(\mathrm{A})}{Pr(\mathrm{B} \mid \mathrm{A}) \times Pr(\mathrm{A}) + Pr(\mathrm{B} \mid \bar{\mathrm{A}}) \times Pr(\bar{\mathrm{A}})}$$

$$Pr(\mathrm{B} \mid \mathrm{A}) = \frac{Pr(\mathrm{A} \mid \mathrm{B}) \times Pr(\mathrm{B})}{Pr(\mathrm{A} \mid \mathrm{B}) \times Pr(\mathrm{B}) + Pr(\mathrm{A} \mid \bar{\mathrm{B}}) \times Pr(\bar{\mathrm{B}})}$$

第6章 | ベイズの定理を理解する

2×3クロス集計表の場合は、どうなるのでしょうか?

**【表6.2.2 2×3クロス集計表】**

|   | $A_1$ | $A_2$ | $A_3$ | 合計 |
|---|---|---|---|---|
| B | 2 | 4 | 6 | 12 |
| $\bar{B}$ | 3 | 5 | 7 | 15 |
| 合計 | 5 | 9 | 13 | 27 |

条件付確率 $Pr(A_1 \mid B)$ について調べてみると……。

$$Pr(A_1 \mid B) = \frac{2}{12}$$

$$Pr(B \mid A_1) = \frac{2}{5} \quad Pr(B \mid A_2) = \frac{4}{9} \quad Pr(B \mid A_3) = \frac{6}{13}$$

$$Pr(A_1) = \frac{5}{27} \quad Pr(A_2) = \frac{9}{27} \quad Pr(A_3) = \frac{13}{27}$$

以上のことから

$$\frac{2}{12} = \frac{\frac{2}{5} \times \frac{5}{27}}{\frac{2}{5} \times \frac{5}{27} + \frac{4}{9} \times \frac{9}{27} + \frac{6}{13} \times \frac{13}{27}}$$

が成り立っていることがわかります。

---

**ベイズの定理 ―その2―**

$$Pr(A_1 \mid B) = \frac{Pr(B \mid A_1) \times Pr(A_1)}{Pr(B \mid A_1) \times Pr(A_1) + Pr(B \mid A_2) \times Pr(A_2) + Pr(B \mid A_3) \times Pr(A_3)}$$

$$Pr(A_2 \mid B) = \frac{Pr(B \mid A_2) \times Pr(A_2)}{Pr(B \mid A_1) \times Pr(A_1) + Pr(B \mid A_2) \times Pr(A_2) + Pr(B \mid A_3) \times Pr(A_3)}$$

$$Pr(A_3 \mid B) = \frac{Pr(B \mid A_3) \times Pr(A_3)}{Pr(B \mid A_1) \times Pr(A_1) + Pr(B \mid A_2) \times Pr(A_2) + Pr(B \mid A_3) \times Pr(A_3)}$$

$n$ 個の事象 $A_1$, $A_2$, $\cdots$, $A_n$ のときは、

> **ベイズの定理—その3—**
>
> $$Pr(A_1 \mid B) = \frac{Pr(B \mid A_1) \times Pr(A_1)}{\sum_{i=1}^{n} \{Pr(B \mid A_i) \times Pr(A_i)\}}$$

となります。

このとき、それぞれの確率に、次のような名前が付いています。

$$\boxed{事後確率} = \frac{\boxed{条件付確率} \times \boxed{事前確率}}{\sum_{i=1}^{n} \{\boxed{条件付確率} \times \boxed{事前確率}\}}$$

または、

$$\boxed{事後確率} = \frac{\boxed{尤度} \times \boxed{事前確率}}{\sum_{i=1}^{n} \{\boxed{尤度} \times \boxed{事前確率}\}}$$

ここで、$n$ 個の事象 $A_1$, $A_2$, $\cdots$, $A_n$ は互いに排反であることに注意しましょう。

> 事前…prior
> 事後…posterior
> 尤度(ゆうど)…likelihood

ところでこのとき、

"事前確率がすべて等しい"

つまり、

$$Pr(A_1) = Pr(A_2) = Pr(A_3)$$

であれば、

$$Pr(A_1|B) = \frac{Pr(B|A_1) \times Pr(A_1)}{Pr(B|A_1) \times Pr(A_1) + Pr(B|A_2) \times Pr(A_2) + Pr(B|A_3) \times Pr(A_3)}$$
$$= \frac{Pr(B|A_1)}{Pr(B|A_1) + Pr(B|A_2) + Pr(B|A_3)}$$

のように、カンタンな式になります。

次の2×3クロス集計表の場合は、

**【表6.2.3 2×3クロス集計表】**

|   | $A_1$ | $A_2$ | $A_3$ | 合計 |
|---|---|---|---|---|
| B | 2 | 3 | 4 | 9 |
| $\bar{B}$ | 6 | 5 | 4 | 15 |
| 合計 | 8 | 8 | 8 | 24 |

$$Pr(A_1) = \frac{8}{24} \qquad Pr(A_2) = \frac{8}{24} \qquad Pr(A_3) = \frac{8}{24}$$

となっているので、

$$Pr(A_1|B) = \frac{2}{9} = \frac{\frac{2}{8}}{\frac{2}{8} + \frac{3}{8} + \frac{4}{8}}$$

のように計算できます。

6.2 ベイズの定理

###  事前確率がすべて等しい場合のベイズの定理

---

**問題**

次のスイーツの中から、ケーキを頼んだとき、そのケーキに苺がのっている確率は？

❋ **スイーツ** ❋

| | | |
|---|---|---|
| 苺のショートケーキ | ヨーグルトムース | 苺ミルクパウンドケーキ |
| ブルーベリージェラート | カスタードプリン | クッキーシュー |
| 抹茶のロールケーキ | 白玉入りあずきムース | まるごと苺のせミルクパフェ |
| チョコレートケーキ | 苺ゼリー ミント風味 | ヨーグルトプリン |
| マチェドニアケーキ | プロフィテロールケーキ | |

---

この確率は、条件付確率です。そこで、ケーキ（＝B）を頼んだとき、そのケーキに苺（＝A）がのっている条件付確率を求めることになります。

● 事象B……ケーキ

| | | |
|---|---|---|
| 苺のショートケーキ | | 苺ミルクパウンドケーキ |
| | | |
| 抹茶のロールケーキ | | |
| チョコレートケーキ | | |
| マチェドニアケーキ | プロフィテロールケーキ | |

153

第 6 章 | ベイズの定理を理解する

● 事象A∩B……苺がのっているケーキ

| 苺のショートケーキ | | 苺ミルクパウンドケーキ |
|---|---|---|
| | | |
| | | |
| | | |
| | | |

このとき、
　　"ケーキが運ばれてきたとき、
　　　　　　苺がのっている確率"
は、条件付確率なので

$$Pr(A \mid B) = \frac{n(B \cap A)}{n(B)}$$
$$= \frac{2}{6}$$

のように計算できます。

この問題を、ベイズの定理を使って解いてみましょう。

● 事象A……苺がのっているスイーツ

| 苺のショートケーキ | | 苺ミルクパウンドケーキ |
|---|---|---|
| | | まるごと苺のセミルクパフェ |
| | 苺ゼリー ミント風味 | |
| | | |

● 事象Ā……苺がのっていないスイーツ

```
                  ヨーグルトムース
ブルーベリージェラート   カスタードプリン         クッキーシュー
抹茶のロールケーキ    白玉入りあずきムース
チョコレートケーキ                     ヨーグルトプリン
マチェドニアケーキ    プロフィテロールケーキ
```

● 事象Ā∩B……苺がのっていないケーキ

```
抹茶のロールケーキ
チョコレートケーキ
マチェドニアケーキ    プロフィテロールケーキ
```

以上のことを、ベイズの定理にあてはめると、

$$Pr(A|B) = \frac{Pr(B|A) \times Pr(A)}{Pr(B|A) \times Pr(A) + Pr(B|\bar{A}) \times Pr(\bar{A})}$$

$$= \frac{\frac{n(B \cap A)}{n(A)} \times Pr(A)}{\frac{n(B \cap A)}{n(A)} \times Pr(A) + \frac{n(B \cap \bar{A})}{n(\bar{A})} \times Pr(\bar{A})}$$

$$= \frac{\frac{2}{4} \times \frac{4}{14}}{\frac{2}{4} \times \frac{4}{14} + \frac{4}{10} \times \frac{10}{14}} = \frac{1}{3}$$

となります。

## 6.3 モンティ・ホール問題

ベイズの定理の応用例として有名なのが、次のモンティ・ホール問題です。

### モンティ・ホール問題とは？

次のように、3つのドアと1台の車と2匹のヤギがあります。

1台の車と2匹のヤギは、それぞれ3つのドアの後ろに隠れています。

例えば、次のように……。

6.3 モンティ・ホール問題

このゲームは、次のような手順で進行します。

[手順1] 始めに司会者は、ゲームの参加者を1人選び、前に来てもらいます。

「あなたにチャンスを与えます。車の隠れているドアを指さして下さい。

そのドアの後ろに車が隠れていたら、その車はあなたのものになります。

ヤギが隠れていたら、ハズレです」

そして、ゲームの参加者は、3つのドアのうち、車が隠されていると思うドアの前に立ちます。

例えば、ゲームの参加者はドアAの前に立ったとします。

第 6 章 | ベイズの定理を理解する

[手順2] 次に司会者は、残りのドアBとドアCのうち、ヤギの隠れているドアの方を開けます。

　ドアAに車が隠れているときは、ドアBもドアCにもヤギが隠れているので、司会者はドアBかドアCのどちらかを開けます。

　ドアBに車が隠れている場合は、ドアCにはヤギが隠れているので、司会者はかならずドアCを開けます。

6.3 モンティ・ホール問題

　ドアCに車が隠れている場合は、ドアBの後ろにはヤギが隠れているので、司会者はかならずドアBを開けます。

[手順3]　そこで司会者は、ゲームの参加者に、次のように言います。

　「あなたに、もう一度チャンスをさし上げます。

　　開かれていないドアは2つになりました。さあ、あなたはここで、どっちのドアを指さしますか？

　　ドアAのままですか？　それとも残りのドアに替えますか？」

To change or not to change, that is the question!

## 第6章 | ベイズの定理を理解する

このモンティ・ホール問題の場合、知りたいことは、

---

司会者がドアを開けたとき、ゲームの参加者は

"ドアを替えない方がよいのか？"

それとも

"ドアを替えた方がよいのか？"

---

ということです。

つまり、確率の言葉におきかえれば……

---

"ドアを替えないで車を手に入れる確率"

と

"ドアを替えて車を入れる確率"

のどちらが大きいのか？

---

ということになります。

そこで、次のような状況を設定してみると……

---

**■設定**
- ゲームの参加者は、ドアAを指さす
- ゲームの司会者は、ドアBを開ける

6.3 モンティ・ホール問題

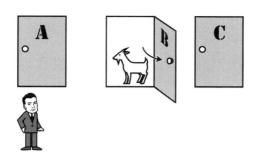

したがって、次のような事後確率を計算すればよいことになります。

■参加者がドアAを替えない場合

$$Pr\begin{pmatrix}ドアAの後ろに \\ 車が隠れている\end{pmatrix}\begin{vmatrix}司会者が \\ ドアBを開ける\end{vmatrix}$$
$= \boxed{?}$

■参加者がドアAをドアCに替える場合

$$Pr\begin{pmatrix}ドアCの後ろに \\ 車が隠れている\end{pmatrix}\begin{vmatrix}司会者が \\ ドアBを開ける\end{vmatrix}$$
$= \boxed{?}$

そこで、ベイズの定理を適用してみましょう。

$Pr(原因A_1 \mid 結果B)$

$$= \frac{Pr(結果B \mid 原因A_1) \times Pr(原因A_1)}{\begin{array}{l}Pr(結果B \mid 原因A_1) \times Pr(原因A_1) \\ + Pr(結果B \mid 原因A_2) \times Pr(原因A_2) \\ + Pr(結果B \mid 原因A_3) \times Pr(原因A_3)\end{array}}$$

[原因] は、次のようになります。

- 原因AC……ドアAの後ろに車が隠れている
- 原因BC……ドアBの後ろに車が隠れている
- 原因CC……ドアCの後ろに車が隠れている

AC……Aの後ろにCar
BC……Bの後ろにCar
CC……Cの後ろにCar

[結果] は、次のようになります。

- 結果OA……司会者がドアAを開ける
- 結果OB……司会者がドアBを開ける
- 結果OC……司会者がドアCを開ける

OA……Open　ドアA
OB……Open　ドアB
OC……Open　ドアC

したがって、……。

### ■参加者がドアAを替えない場合

$$Pr\begin{pmatrix}ドアAの後ろに & \mid & 司会者が \\ 車が隠れている & \mid & ドアBを開ける\end{pmatrix}$$
$$= Pr(原因AC \mid 結果OB)$$

となるので

$$= \frac{Pr(結果OB \mid 原因AC) \times Pr(原因AC)}{\begin{array}{l}Pr(結果OB \mid 原因AC) \times Pr(原因AC) \\ + Pr(結果OB \mid 原因BC) \times Pr(原因BC) \\ + Pr(結果OB \mid 原因CC) \times Pr(原因CC)\end{array}}$$

を計算すればよいことになります。

### ■参加者がドアAをドアCに替える場合

$$Pr\begin{pmatrix}ドアCの後ろに & \mid & 司会者が \\ 車が隠れている & \mid & ドアBを開ける\end{pmatrix}$$
$$= Pr(原因CC \mid 結果OB)$$

となるので

$$= \frac{Pr(結果OB \mid 原因CC) \times Pr(原因CC)}{\begin{array}{l}Pr(結果OB \mid 原因AC) \times Pr(原因AC) \\ + Pr(結果OB \mid 原因BC) \times Pr(原因BC) \\ + Pr(結果OB \mid 原因CC) \times Pr(原因CC)\end{array}}$$

を計算すればよいことになります。

第 6 章｜ベイズの定理を理解する

## ✒ 3つの事前確率

- $Pr(原因AC)$
  $= Pr(ドアAの後ろに車が隠れている) = \dfrac{1}{3}$
- $Pr(原因BC)$
  $= Pr(ドアBの後ろに車が隠れている) = \dfrac{1}{3}$
- $Pr(原因CC)$
  $= Pr(ドアCの後ろに車が隠れている) = \dfrac{1}{3}$

## ✒ 3つの条件付確率

- $Pr(結果OB \mid 原因AC)$

  $= Pr\left(\begin{array}{l}司会者が\\ドアBを開ける\end{array}\middle|\begin{array}{l}ドアAの後ろに\\車が隠れている\end{array}\right)$

参加者がドアAを指さし、ドアAの後ろに車が隠れているので、ドアBとドアCの後ろには、それぞれヤギが隠れています。

したがって、司会者はドアBとドアCのどちらを開けてもよいので

$$Pr(結果OB \mid 原因AC) = \dfrac{1}{2}$$

となります。

- $Pr(結果\mathrm{OB} \mid 原因\mathrm{BC})$
  $= Pr \begin{pmatrix} 司会者が \\ ドアBを開ける \end{pmatrix} \begin{pmatrix} ドアBの後ろに \\ 車が隠れている \end{pmatrix}$

ドアBの後ろに車が隠れているので、司会者はドアBを開けることはありません。したがって

$$Pr(結果\mathrm{OB} \mid 原因\mathrm{BC}) = 0$$

となります。

- $Pr(結果\mathrm{OB} \mid 原因\mathrm{CC})$
  $= Pr \begin{pmatrix} 司会者が \\ ドアBを開ける \end{pmatrix} \begin{pmatrix} ドアCの後ろに \\ 車が隠れている \end{pmatrix}$

参加者がドアAを指さし、ドアCの後ろに車が隠れているので、司会者はかならずドアBを開けます。したがって、

$$Pr(結果\mathrm{OB} \mid 原因\mathrm{CC}) = 1$$

となります。

この3つの確率のことを

**尤度**（ゆうど）

ともいいます。

第6章 | ベイズの定理を理解する

以上のことから、求める事後確率は、

■**参加者がドアAを替えない場合**

$Pr($ドアAの後ろに車が隠れている $|$ 司会者がドアBを開ける$)$

$= Pr($原因AC $|$ 結果OB$)$

$= \dfrac{Pr(結果OB \mid 原因AC) \times Pr(原因AC)}{\begin{array}{l}Pr(結果OB \mid 原因AC) \times Pr(原因AC) \\ + Pr(結果OB \mid 原因BC) \times Pr(原因BC) \\ + Pr(結果OB \mid 原因CC) \times Pr(原因CC)\end{array}}$

$= \dfrac{\dfrac{1}{2} \times \dfrac{1}{3}}{\dfrac{1}{2} \times \dfrac{1}{3} + 0 \times \dfrac{1}{3} + 1 \times \dfrac{1}{3}}$

$= \dfrac{1}{3}$

となります。

p.151の式

$$事後確率 = \dfrac{条件付確率 \times 事前確率}{\sum_{i=1}^{n}\{条件付確率 \times 事前確率\}}$$

のとおりになっているね。

## ■参加者がドアAをドアCに替える場合

$Pr$(ドアCの後ろに車が隠れている | 司会者がドアBを開ける)

$= Pr$(原因CC | 結果OB)

$$= \frac{Pr(\text{結果OB} | \text{原因CC}) \times Pr(\text{原因CC})}{Pr(\text{結果OB} | \text{原因AC}) \times Pr(\text{原因AC}) + Pr(\text{結果OB} | \text{原因BC}) \times Pr(\text{原因BC}) + Pr(\text{結果OB} | \text{原因CC}) \times Pr(\text{原因CC})}$$

$$= \frac{1 \times \frac{1}{3}}{\frac{1}{2} \times \frac{1}{3} + 0 \times \frac{1}{3} + 1 \times \frac{1}{3}}$$

$$= \frac{2}{3}$$

となります。

> すなわち、ドアCに替える方が有利なのか!

第6章 | ベイズの定理を理解する

### 🖋 事前確率がすべて等しい場合

モンティ・ホール問題の場合も、3つの事前確率は

$$Pr(原因AC) = Pr(原因BC) = Pr(原因CC) = \frac{1}{3}$$

なので、事前確率の部分を約分しておくと

$$Pr(原因AC|結果OB) = \frac{Pr(結果OB|原因AC)}{\begin{array}{l}Pr(結果OB|原因AC)\\+Pr(結果OB|原因BC)\\+Pr(結果OB|原因CC)\end{array}}$$

$$= \frac{\frac{1}{2}}{\frac{1}{2}+0+1}$$

$$= \frac{1}{1+0+2}$$

$$Pr(原因BC | 結果OB) = \frac{0}{1+0+2}$$

$$Pr(原因CC | 結果OB) = \frac{2}{1+0+2}$$

となります。

> 司会者がドアBを開けることにより、
> 幸運はドアCへ移動したかのように見えるね。

## あとがき

　英国人の鳥類学者デズモンド・アレン氏は、世界的にも著名なバードウォッチャーです。
　彼の話によると、バードウォッチングを100倍楽しむコツは、

　　その１．　鳥の習性を知ること

　　その２．　鳥のいる地域の情報を得ること

　　その３．　いろいろなバードウォッチャーと
　　　　　　　連絡を取り合うこと

だそうです。
　この３つは、犯人を推理するときのコツと同じですね。
　だから、ミステリーの好きな英国人は、バードウォッチングも好きなのかもしれません。

# 参考文献

## 確率論・統計学に関するもの

繁桝算男『ベイズ統計入門』(東京大学出版会、1985)

伊藤雄二『確率論』(朝倉書店、2002)

伊庭幸人『ベイズ統計と統計物理』(岩波書店、2003)

松原望『入門ベイズ統計―意思決定の理論と発展―』(東京図書、2008)

石村園子・石村貞夫『初歩からはじめる統計学』(共立出版、2012)

A. O'Hagan and J. Forster, *Kendall's Advanced Theory of Statistics vol. 2B: Bayesian Inference*, second edition (Arnold, 2004).

S. B. McGrayne, *The Theory That Would Not Die: How Bayes' Rule Cracked the Enigma Code, Hunted Down Russian Submarines, and Emerged Triumphant from Two Centuries of Controversy* (Yale University Press, 2012).

## その他、この本を書くにあたって参考にしたもの

R. D. Wingfield, *A Touch of Frost* (Constable & Co Ltd, 1990).

N. C. Dexter, *Last Bus to Woodstock* (St. Martin's Press, 1975).

C. Graham, *The Killings at Badger's Drift*（Century, 1987）.

A. C. Doyle, *The Sign of Four*（Spencer Blackett, 1890）.

D. Allen（2006）, "New records and other observations of birds on the island of Tablas, Romblon province, Philippines", *Forktail* **22**, 77-84.

後藤正弘（1970）「毒殺―その行為、犯人、被害者―」『鹿児島大学法学論集』5巻2号127～142頁

☆なお、丸谷才一『思考のレッスン』、北杜夫『どくとるマンボウ青春記』、一海知義『一海知義著作集2―陶淵明を語る―』など、国内外の文芸・エッセイ・評論も参照しました。

# さくいん

## 〈あ行〉

| | |
|---|---|
| アンケート調査法 | 24 |
| Excel | 69, 70 |
| SPSS | 55, 82 |
| オッズ | 44, 45 |
| オッズ比 | 48 |

## 〈か行〉

| | |
|---|---|
| 確率 | 133, 136, 142, 144 |
| 仮説検定 | 56 |
| 感度 | 99 |
| 関連がある | 41 |
| 関連がない | 41 |
| 聞き取り調査法 | 24 |
| 棄却域 | 54, 56 |
| 棄却限界 | 56 |
| 空事象 | 140 |
| 決定木 | 58 |
| 検定統計量 | 54, 56 |
| 根元事象 | 139 |

## 〈さ行〉

| | |
|---|---|
| 散布図 | 63, 67 |
| 試行 | 138 |
| 事後確率 | 151 |
| 事象 | 134, 138 |
| 事象の確率 | 100, 134 |
| 事前確率 | 151 |
| 重回帰式 | 72 |
| 従属変数 | 66 |
| 条件付確率 | 145, 151 |
| 乗法公式 | 148 |
| 正の相関 | 67, 68 |
| 積事象 | 140 |
| 全事象 | 139 |
| 全数調査 | 23 |
| 相関係数 | 68 |
| 属性 | 39 |

## 〈た行〉

| | |
|---|---|
| 多変量解析法 | 74 |
| ダミー変数 | 26 |
| 単回帰式 | 70, 72 |
| 単回帰分析 | 66 |
| 単純パーセプトロン | 86 |
| 独立性の検定 | 53 |
| 独立である | 50, 145 |
| 独立変数 | 66 |

## 〈な行〉

ニューラルネットワーク　86

## 〈は行〉

| | |
|---|---|
| 排反 | 140 |
| 標本調査 | 23 |
| 負の相関 | 67, 68 |
| プロファイリング | 16 |
| ベイズ，トーマス | 95 |
| ベイズの定理 | 149, 150, 151 |

## 〈ま行〉

| | |
|---|---|
| 無作為抽出 | 23 |
| 無相関 | 67, 68 |
| 名義データ | 26 |
| モンティ・ホール問題 | 156 |

## 〈や行〉

| | |
|---|---|
| 尤度 | 151, 165 |
| 余事象 | 142 |

## 〈ら行〉

| | |
|---|---|
| ランダムサンプリング | 23 |
| ロジスティック回帰式 | 77 |
| ロジスティック変換 | 77 |

## 〈わ行〉

和事象　140

N.D.C.417　　173p　　18cm

ブルーバックス　B-1998

結果から原因を推理する
「超」入門　ベイズ統計

2016年12月20日　第1刷発行
2025年6月17日　第4刷発行

| | |
|---|---|
| 著者 | 石村貞夫 |
| 発行者 | 篠木和久 |
| 発行所 | 株式会社講談社 |
| | 〒112-8001　東京都文京区音羽2-12-21 |
| 電話 | 出版　03-5395-3524 |
| | 販売　03-5395-5817 |
| | 業務　03-5395-3615 |
| 印刷所 | (本文印刷) 株式会社KPSプロダクツ |
| | (カバー表紙印刷) 信毎書籍印刷株式会社 |
| 製本所 | 株式会社国宝社 |

定価はカバーに表示してあります。
©石村貞夫　2016, Printed in Japan
落丁本・乱丁本は購入書店名を明記のうえ、小社業務宛にお送りください。
送料小社負担にてお取替えします。なお、この本についてのお問い合わせ
は、ブルーバックス宛にお願いいたします。
本書のコピー、スキャン、デジタル化等の無断複製は著作権法上での例外
を除き禁じられています。本書を代行業者等の第三者に依頼してスキャン
やデジタル化することはたとえ個人や家庭内の利用でも著作権法違反です。

ISBN978-4-06-257998-8

## 発刊のことば

## 科学をあなたのポケットに

二十世紀最大の特色は、それが科学時代であるということです。科学は日に日に進歩を続け、止まるところを知りません。ひと昔前の夢物語もどんどん現実化しており、今やわれわれの生活のすべてが、科学によってゆり動かされているといっても過言ではないでしょう。

そのような背景を考えれば、学者や学生はもちろん、産業人も、セールスマンも、ジャーナリストも、家庭の主婦も、みんなが科学を知らなければ、時代の流れに逆らうことになるでしょう。ブルーバックス発刊の意義と必然性はそこにあります。このシリーズは、読む人に科学的に物を考える習慣と、科学的に物を見る目を養っていただくことを最大の目標にしています。そのためには、単に原理や法則の解説に終始するのではなくて、政治や経済など、社会科学や人文科学にも関連させて、広い視野から問題を追究していきます。科学はむずかしいという先入観を改める表現と構成、それも類書にないブルーバックスの特色であると信じます。

一九六三年九月　　　　　　　　　　　　　　　　　　　　　　　　　　　野間省一